いちばんやさしい

グーグル フォー

Google for
Education の教本

……… 人気教師が教える
教育のリアルを
変える
ICT活用法

JN026562

インプレス

Profile

**著者プロフィール**

## 庄子寛之（しょうじ ひろゆき）

調布市立多摩川小学校指導教諭。前女子ラクロス19歳以下日本代表監督。学研道徳教科書作成委員。2020年の休校中、教育の未来について考えるオンラインイベントを企画し、2000人程度の参加者を集める。オンライン授業のあり方、道徳の授業の仕方、教師の働き方をテーマとしてイベント登壇多数。『残業ゼロの仕事のルール』など著書多数。

## 二川佳祐（ふたかわ けいすけ）

練馬区立石神井台小学校主任教諭。Google認定教育者レベル2。GEG Nerimaを立ち上げ、区内の教員に学びの機会を提供。教員と企業の越境をテーマとした「先生インターン」の活動のほか、武蔵野市や吉祥寺を中心とした地域、そしてオフラインとオンラインを掛け合わせたコミュニティのBeYond Laboを主宰。習慣化や脳のことを学ぶことに首ったけ。習慣化の伴走をする「マイチャレンジサロン」を運営。「大人が学びを楽しめば子供も楽しむようになる」がモットー。

## 古矢岳史（ふるや たけし）

八丈町立三根小学校主任教諭。情報教育担当兼プログラミング教育推進担当。東京都小学校理科教育研究会 研究推進委員。viscuitファシリテーター。「テクノロジーとサイエンスでワクワクするような学び」をモットーに、離島より発信中。未来を創る子どもたちを育てる教育者の「鼓動」をつなぐイベント「BEAT」を主宰。

※各人の肩書は、本書執筆時の2021年8月時点のものです。

本書は、Google for Education、Google Workspace for Education、Chromebookについて、2021年8月時点での情報を掲載しています。
本文内の製品名およびサービス名は、一般に各開発メーカーおよびサービス提供元の登録商標または商標です。
なお、本文中にはTMおよび®マークは明記していません。

# はじめに

**文**部科学省のGIGAスクール構想による1人1台端末配備が、2021年全国一斉に行われました。コロナ禍の影響もあり、構想されていた未来の教育現場が、たった1年で、あっという間に来ることになりました。

「端末は届いたけれど、どう使ったらよいかわからない」

「子どもたちに自由に使わせて本当に大丈夫なのだろうか？」

「どんなことができるのだろう？」

戸惑われている先生方の声をよく聞きます。

また、

「端末を使うのは、子どもたちにとって、よくないことのほうが多い」

「大事なのは教室で直接話すコミュニケーションだ」

「ノートに書いてこそ、理解が定着する」

などの考えも一部の先生には根強く残っており、学校全体で黒板とチョーク、紙文化からの脱却に難しさを感じている現場をよく目にします。

どの先生の考え方も決して間違ってはいないのです。

しかし。

いまの小中学生が大人になったときの社会は、間違いなくいまでは考えられないことが当たり前になっている世の中になっています。GIGAスクール構想が浸透しきった10年後の社会は、紙と鉛筆を使って学んでいた世代の常識とはまったく異なることは確実でしょう。

変化の激しい時代。世の中がこれだけ変わっているのだからこそ、その基礎を作る小中学校の教育こそ変わらなくてはいけない。

いままでの教育が間違っているのではないのです。時代の変化に対応した教育が求められているのです。

本書の著者3人は、公立の普通の教員です。読んでくださっている方々の学校よりも少し早くから取り組むことができた実践の成果と課題を、できる限りやさしく伝えていきたいと思っています。

本書をきっかけに、できることから取り組んでいただけたら幸いです。

2021年8月

著者を代表して　庄子寛之

# 「いちばんやさしいGoogle for Educationの教本」の読み方

「いちばんやさしいGoogle for Educationの教本」は、はじめての人でも迷わないように、わかりやすい説明と大きな画面でアプリの使い方や実践事例をご紹介しています。

## 「何のためにやるのか」がわかる！

薄く色の付いたページでは、Google for Educationのサービスを使って、授業・校務などにどう活かせるのかを図解を用いて解説しています。「何のためにこのアプリを使うのか」「どう使ったら効果的なのか」といった疑問にお答えします。

**タイトル**
レッスンの目的をわかりやすくまとめています。

**レッスンのポイント**
このレッスンを読むとどうなるのか、何に役立つのかを解説しています。

**解説**
学校でICTを活用するさいの大事な考え方を画面や図解を交えて丁寧に解説しています。

**著者によるポイント**
特に重要なポイントでは、著者が登場して確認・念押しします。

# 「どうやってやるのか」 がわかる！

操作手順は、大きな画面で1つ1つのステップを丁寧に解説しています。途中で迷いそうなところは、Pointで補足説明があるのでつまずきません。

**Point**
その作業を行う際の注意点や補足説明です。

**ワンポイント**
レッスンに関連する知識や知っておくと役立つ知識を、コラムで解説しています。

**手順**
番号順に操作をしていきます。画面のどこを操作するのかも、赤く囲んで指しています。

**マウス、タッチパッドの操作表記について**
本書では、学校組織によって導入端末に違いがあることから、マウスやタッチパッドの操作方法の説明時には、最も一般的な「クリック」「右クリック」という表現で統一しています。Chromebookであれば「クリック」はタッチパッドの下半分をタップするのと同じ、「右クリック」はタッチパッドを2本指でタップするのと同じ意味になります。

いちばん やさしい
# Google for Education の教本
人気教師が教える
教育のリアルを変えるICT活用法

Contents
**目次**

---

Chapter

## 1 | Google for Educationとは | page 13

# Chapter 2 アプリの基本的な使いかたを知ろう

page 31

Chapter **7** 担当者必読！
「もしも」のときの対処法 page **159**

# Chapter

# 1

# Google for Education とは

「**Google for Education**とは何なのか」そもそもの疑問について、**GIGA**スクール構想を踏まえながら説明します。

[本書のコンセプト]

# 「公立学校だからできない」を解消しよう

このレッスンの
ポイント

GIGAスクール構想で多くの自治体で導入されている教育機関向けソリューション「Google for Education」の公立小中学校での利活用について解説していきます。まず最初のレッスンとして、本書のコンセプトについて説明させていただきます。

## → いまこそ、認識を変えよう

文部科学省の教育施策である、「GIGAスクール構想」は、日本全国の公立小中学生に1人1台のPC（パソコン）端末と高速大容量の通信ネットワークを整備することを約束しています。

この構想は5カ年計画で実施されるはずでしたが、新型コロナウイルス感染症対策として実施された全国一斉休校を機に、オンライン学習環境整備の必要性が加速度的に高まり、令和3年度（2021年）の実施となりました。GIGAスクール構想の推進はどこの学校現場でも実践事例を集めながら、同時並行に取り組まなければならない喫緊の課題です。GIGAスクール構想のゴールは「学習者の学びが、日常文具のように活用される情報機器とクラウドを中心に展開していくこと」※1です。

何が起こるかわからない変化の時代を生き抜くために、情報機器とクラウド、テクノロジーを利活用す

ることの重要性については、読者の皆さんも感じられているはずです。

いままでの公立学校ではほとんどの場合、ICT機器は授業のなかで使われる教具でしかありませんでした。使える人だけのモノ、トラブルが多いから使わないモノなので、使わなくても済むものでした。

しかし、1人1台に端末が配布されたこれからの時代は、使わなくてはいけないのです。

「こんなプロジェクト、公立学校では到底できないのでは？」という声が聞こえてきそうです。

答えはNOです。

GIGAスクール構想は莫大な予算（2000億円超）が組まれ、情報機器とクラウドを中心に学習者の学びを豊かにしていくための一大プロジェクトです。

そして、ICT機器を公立学校の教育に利活用する最大のチャンスです。

ICT機器は文具です
日常のなかで当たり前に
使うものと考えましょう

※1：出典：国際大学GLOCOM豊福晋平先生、gakko.site「ICT脱教具論：#5 ICTの適用領域」（https://gakko.site/wp/archives/1863）より引用

##  新しい時代の「学び」の実践例

昨年度、八丈島にある自校と、東京の区部にある小学校をオンラインでつなぎ、生活科の協同学習をしました。「教師と教師」「教師と児童」「児童と児童」というように内容に合わせて場の設定をし、季節ごとにお互いの地域を紹介し合いました。1年間を通して取り組んだ結果、大きく3つの成果が見えました。

### ▶ オンライン共同学習の成果

①子どもたちは自分たちの住む地域とはまったく違う環境に驚き、「もっと知りたい！」「〇〇はどうなっているの？」と新たな疑問を持ちながら、学習に取り組んでいた

②遠く離れた人たちに自分たちが住んでいる地域について発表する、という大きなアウトプットの目標ができたことで、写真や動画を意欲的に活用することができた

③双方向で学習を進められたことで、オンライン上の教師たちに親近感を覚え、授業外の交流にまでつながった。

オンラインビデオアプリをつないだだけですが、自分の住んでいる地域にはいない人たちとつながりを持つことができ、その人たちに何かを伝えたい、表現したいという新しい学びが生まれたことに、私も驚きを隠せませんでした。

テクノロジーを正しく使っていけば、よりよい学びが無限大に生まれていきます。

新しい時代の学びを、子どもたちに与えていきませんか。

本書を手に取っている皆さんも、同じような想いを抱いていることと思います。

##  「公立学校だからできない」を解消！　「やさしい」実践例

本書は、「公立学校だからできない」を解消し、「1人1台PC端末時代の新しい学び」を目指して、3人の普通の現役公立教員で執筆しました。

3人とも、ICT活用のスペシャリストではありません。Google for Educationをそれぞれの教育現場で日々使い、試行錯誤しながら、学びを豊かにしようと実践を重ねています。

そうした日々のなかで得られたノウハウや実践をすべて詰め込みました。

ベテランの先生、ICTは苦手な先生、新規採用の先生などなど、どのようなお立場にある方でも、Google for Educationを使用するさい、本書のノウハウや実践例を参考にしていただけるはずです。

本書が皆様と子どもたちがワクワクするような実践の一助になることを祈っています。

# Lesson 02

[Google for Educationとは]

# Google for Educationを使う意義と未来の教育について

**このレッスンの
ポイント**

Google for Educationが描く世界を理解し、そこからできること・考えられることのビジョンを知り、自分の生き方・働き方がどんな風に変わっていくのかを描いてみましょう。まずは思い描くことからすべてが始まります。

## → Google for Educationが目指す世界

Google for Educationは、「すべての人に、より多くの学びの機会を」という標語を掲げる、Google社の教育機関向けソリューションです。世界中の教育機関に向けて、無償でGoogleのツールやサービスを提供し、自分たちが望む未来を実現してほしいと

いう願いから、またそのための十分な習得機会を作っていくことが重要だと捉え、推進されている教育事業です。

Googleは世界的にも、教育格差を是正するために、次のような取り組みをしています。

### ▶ 教育格差を是正するためのGoogleの取り組み

> *Google は Google.org を通じて、世界中の教育格差解消のために 2005 年以来 2 億 5,000 万ドルを超える資金を投入してきたほか、ボランティア活動で IT の専門スキルを活かすことを Google 社員に奨励しています。Google の目標は、貧困地域を中心に、より多くの人々が教室の内外でテクノロジーの恩恵を受けられるように支援することです。*[1]

日本だけでない、世界の教育格差是正が考えられています。これらの文面を見るとGoogleがいかに教育を変えていこうと考えているか、その思いを感じ

取れると思います。それだけGoogleは本気で教育を変えていこうと、時間もお金も人もかけて取り組んでいるのです。

教育が変わるということは未来が変わる、社会が変わるとも言えそうですね

※1：出典 Google for Education「Google の
取り組み」（https://edu.google.com/intl/ALL_jp/
why-google/our-commitment/）より引用

##  Google for Educationは端末とクラウドサービスで構成される

Google for Educationは大きく2つの構成を取ります。1つ目はChrome OSが搭載されたタブレット端末のChromebook、2つ目はGoogleドライブ、Classroom、スライド、Jamboardをはじめとした教育機関向けアプリがパッケージされた「Google Workspace for Education」です。Google for Educationとは、これらの端末とクラウドサービスから構成される、教育機関向けソリューションを指します[2]。

### ▶ Google for Educationの構成

| Chromebook | | Google Workspace for Education |
| --- | --- | --- |
| 教育機関向けに開発されたタブレット端末 | + | 教育機関向けに無償提供されるクラウドサービス |

※2：Google Workspace for Educationのアプリはブラウザ上で動作するため、WindowsやMac、iPadなどのタブレットにも導入できます。本書で紹介している活用法の多くはChromebookでの動作を想定していますが、他の端末でも同じように操作して、ご参考にしていただけます。

##  Google for Educationは日本で最も使われている教育サービス

GIGAスクール構想向けのICT機器には、iPad、Chromebook、Windowsなどが選ばれています。2021年2月にMM総研が発表したレポートによれば、端末ではChromebookのシェアが43.8%とトップ。クラウドサービスでは、iPadでもGoogleサービスを使う割合が高いこともあり、約55%がGoogle Workspace for Educationを採用しているという調査結果となりました。

つまり、Google for Educationは、日本で最も使われているICT教育サービスと言えます。GIGAスクール構想で1人1台の端末が配られていますが、その半数の児童・生徒はGoogle for Educationを使っているのです。だから教師が、その使い方や理念を学ぶことには大きな意義があります。異動もあり、いろいろな地区を担当することがあるからこそ、学ぶ必要があるのです。

### ▶ 教育向けクラウドサービスと端末の国内シェア

GIGAスクール調達・導入端末のOSシェア(予定含む)

GIGAスクール向けクラウドサービスの利用状況

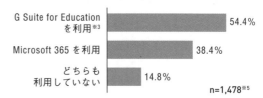

※3：G suite for Educationは2021年4月よりGoogle Workspace for Educationに改称
※4：調査対象1,741の自治体のうち、端末の導入状況について回答を得た1,478の自治体を対象としている
※5：調査対象1,741の自治体のうち、構内無線LANの整備状況について回答を得た1,476の自治体を対象としている

出典：株式会社MM総研「公立小中学校1人1台環境でChrome OSがトップシェア」(https://www.m2ri.jp/release/detail.html?id=475)

## → 働き方・生き方が変わった

Google for Educationがあると、どのようなことができるのでしょうか?

Chromebookやその他のICT端末があれば児童・生徒は家にいても学校にいても、級友とも教師ともつながることができます。時間がかかっていたテストの採点は一部自動で行うことができ、児童にとってもオンライン上ですぐにフィードバックを受け取ることができます。

教師の働き方も変わりました。例えば、これまで印刷して教室で配布していたプリントは、もう手元の端末ですべて完結してしまいます。これだけで10分ほど時間が浮いたことになります。また、休校などになっても、オンラインでつながっているので、どこからでも遠隔で授業を始めることができます。さまざまな業務が効率化されることで、結果的にこれまでなかなか時間を割けなかった学級経営や、

児童・生徒と関われる時間が増えました。Google for Educationを使うことで、教師の働き方改革だけではなく、児童・生徒1人ひとりによりじっくりと向き合えるようになったのです。

実際に教育現場で使ってみて、本当にそれらを実感します。Google for Educationがあるおかげで、私(二川)の出勤時間は遅くなりました。以前は7時前には出勤をして授業の準備をしていましたが、いまは7時半過ぎになりました。家族で朝食を食べてから出勤できるようになり、生活の質が向上したのを感じています。児童・生徒の学び方も大きく変わりました。デジタルでの提出が徐々に当たり前になり、また相互でコメントや評価することで、いままで見えていなかった個々の考えや意見も簡単に可視化できるようになりました。

## → 教育現場のOSが変われば未来も変わる

教育現場は大きく変わるチャンスです。これまでたくさんの木の「枝葉」の変更はありましたが、今回のGIGAスクール構想は「根と幹」の変更です。パソコンで言うとOSの変換です。授業も、働き方も、学び方も大きく変わります。子どもたちはこの変化にワクワクしています。それを導く私たち大人も、その変化をワクワクして迎えているところです。

一方、そうした変化はGoogleが掲げる「すべての人に、より多くの学びの機会を」という理念が指し示す未来の延長線上にあることも、心に留めておきましょう。今後、GIGAスクール構想の浸透により、クラウド端末による学習が当たり前になれば、その教育を受けた世代が社会に出る10年後20年後の世界

は大きく変わるはずだからです。例えば、誰もが持ち歩いているスマホのような端末が文具そのものに変わっている、という日常が来るということです。

これは教育格差をなくし、「あらゆる年齢やレベルのすべての学習者と教育者が、自分たちの望む未来の実現に備える」というGoogle for Educationが伝えるメッセージに合致します(出典は※1)。

そんな未来の教育には、もはや児童・生徒・教師・保護者という役割そのものが溶けていくのではないでしょうか。立場を超え、大人も子どももともに学び合うビジョンが見えてこないでしょうか。冒頭で書いた「Google for Educationが目指す世界」とは、そんな社会の姿なのではないかと私は考えます。

# Lesson 03

[子どもと大人の変化]

# Google for Educationを活用したら何がどう変わる？

このレッスンの
ポイント

Google for Educationを使うと何がどのように変わるのか？　挙げればキリがないほどたくさんのメリットがあります。「こんなこともできるかもしれない」という可能性も含めて、これからの教育現場がどうなっていくのか、その変化を考えてみましょう。

## → 子どもたちのコミュニケーションが変わる

一番はコミュニケーションがいままでと比べて、劇的に変わるということです。大人の世界をイメージすればわかりやすいでしょう。スマホやLINEがある前と後ではまったく人とのつき合い方が違いますよね。児童・生徒はLesson 06で解説する「Classroom」で自由にコミュニケーションを取っています。コメント欄は気がつくと、放課後にはとんでもない数になっていることもあります。

それ以外にも、自分たちで写真を共有したり、フォームを作ってアンケートを取ったり、スライドを作って説明をしたり、読み聞かせをドキュメントで行っ

たり……。お互い自宅にいながらも素早いやり取りができ、時にはビデオ通話で会話をしながら、一緒にいなくても同じ時間を共有する、立派なコミュニケーションを取っています。こういったことは、以前では想像もできなかった変化でしょう。

その変化をもたらしたのが、GIGAスクール構想です。1人1台端末になり、いままでのコミュニケーションとは違う方法を子どもたちは持つことになったのです。教室では静かだけれど、インターネット上だからこそたくさん発言できるという児童・生徒もいます。

## → 「変わっていくべきもの」と「変わらないほうがいいもの」

そのなかで、「変わっていくべきもの」と「変わらないほうがいいもの」を指南していく役割が大人にはあると思っています。一例を挙げるならば、「変わっていくべきもの」は、デジタルに置き換われるものです。連絡帳、手紙や資料の配布、ノートなどです。Google for Educationでできることは基本的にそち

らに移行していくべきです。

一方で、「変わらないもの」は児童・生徒のリアルなコミュニケーションや、Face to Faceの時間です。何かを一緒に創る、考えるというのはオンラインでも可能ですが、ともに対面で時間を共有するからこそ高まり、また深まっていくことでもあります。

# ➔ Google for Educationで変わる「大人」のできること

ここでいう「大人」には、教師と保護者どちらも考えられます。一部ですが、それぞれ挙げてみましょう。

## ▶ 教師ができること

- ・課題提出が楽にできるようになる
- ・資料の共有があっという間にできるようになる
- ・オンライン上でも児童・生徒とコミュニケーションができるようになる
- ・児童・生徒の創造的な活動を支援できるようになる
- ・連絡帳を書いてチェックして伝える手間がなくなる
- ・教材準備がどこからでもできるようになる
- ・児童・生徒の授業での成果物へのフィードバックをオンラインで行えるようになる

## ▶ 保護者ができること

- ・学校からのアンケートにオンラインで回答できるようになる
- ・教師や学校からの連絡事項をオンライン上で確認できるようになる
- ・保護者会や個人面談などをビデオ通話でできるようになる
- ・児童・生徒の成果物をオンライン上でチェックできるようになる

いままで時間をかけてしていたことが、1〜2クリックの簡単さで、しかもオンラインできるようになります。また、これまで放課後にはまったくできなかった児童・生徒とのコミュニケーションが簡単になり、関係づくりの総量が増えていきます。結果、従来とはまったく違った形で関係づくりができるようになります。働き方改革が叫ばれるなか、「子どもたちと接する時間が取れない」という声はよく聞かれますが、その現状へ一石を投じることになるのではないでしょうか。

## ▶ やっぱり授業の仕方は大きく変わる

## ▶ 保護者会もオンライン配信で

# Lesson 04

[GIGAスクール端末]

# 1人1台端末にChromebookを使うメリットは？

**このレッスンの
ポイント**

このレッスンでは、**Google**が開発した**Chrome OS**を搭載した**Chromebook**がいままでの**PC端末**とどう違うのか、そのメリットと特徴について解説します。

## → 起動が速い、バッテリーは長持ち

図はChrome OSの処理スピードをイメージ化したイラストです。船がPC端末、積荷がPC内のアプリやソフトです。パソコン室にあるような共用PC（下）は容量の大きなアプリやソフトがたくさんあるので、それらを動かすのに大きな力（スペック）が必要になり、時間もかかります。それに対して、Chrome OS内（上）には、余分なソフトやアプリがほとんどなく、Google for Educationのすべてのアプリはブラウザ上で動くように設計されているので、平均10秒以内で起動します。

従来、パソコン室にあったPC端末でありがちだったのは、電源を入れてから起動するまでの時間をひたすら待つ、児童・生徒の集中が切れる……といったことでした。Chromebookを導入することで、そうした弊害が生じることはゼロになりました。

また、バッテリーも空の状態から数時間で満充電となり、終日利用することができます。充電を忘れた児童・生徒がいて、バッテリーが空になっても、数分間充電すれば、（動画を見続けるなどしなければ）授業1コマ分は問題なく、利用できます。

▶ **Chrome OS（上）と共用PC（下）のイメージ**

▶ **Chromebookの例**

出典：ASUS B1100FKA。2021年5月13日発売、44,980円（税込）。https://jp.store.asus.com/store/asusjp/ja_JP/pd/productID.5497771400

# ➡ 子どもたちにとって使いやすく、耐久性が高い

先述したように、ブラウザ上ですべてのアプリが動作するので、別のアプリを開きたい場合は、開いているウインドウを変える必要はなく、タブの切り替えのみで使用することができます。これにより余計な技術指導が必要なくなりました。

OSのアップデートも自動で行われます。端末の使用中でも自動的に裏側でアップデートが行われます[1]。端末の再起動時に自動アップデートが勝手に始まり、それをひたすら待つこともありません。

また、GIGAスクール構想の予算内で教育現場に導入されているChromebookは、高い耐久性を担保する

MIL規格[2]をクリアしているものが多いです。ほぼ机の高さとなる75cmからの落下試験もクリアしています。衝撃緩和はもちろん、キーボードが防滴仕様になっている端末もあります。小学生でも屋外での学習（社会科見学の取材、カメラ機能を活用した春さがしなど）において、破損の心配なく、使用できています。

そして何よりも、タッチパネルで操作できる端末が多いのが大きな魅力です。デジタルネイティブである児童・生徒たちは画面タッチとキーボードを上手に使いこなせる子が多いです。

## ▶ Chromebookの特徴

### 学校における3つの大きなメリット

いつでもすぐ起動
**授業中の開閉に最適**

軽快

何百台でも
**簡単に一元管理**

管理

手間いらずの
**高いセキュリティ**

安全

出典：株式会社ストリートスマート提供資料をもとに作図（https://www.street-smart.co.jp/）

従来のパソコンに比べての
**管理労力・コスト削減率** 平均 **75%** ⬇

デジタルネイティブにとってはもはや紙の教科書や鉛筆と同等。学びを育む立派な文具です

※1：セキュリティのアップデートの場合は再起動（それでも15秒ほど）が必要
※2：アメリカ国防総省が制定したアメリカ軍の資材調達に関する規格。防水・防塵、高温・低温、重力・加速度等に一定基準耐えることが必要とされ、そうしたことが規格に反映されている。規格に適合した製品に関して、「MIL規格標準準拠製品」として販売される。

# Lesson 05

[クラウドサービス]

# Google Workspace for Educationの
# クラウドサービスで広がる∞の可能性

**このレッスンの
ポイント**

このレッスンでは、インターネットにつなげれば、いつでもどこでも
利用できるクラウドサービス「Google Workspace for Education」が、
学校現場で使うさいにどのような利点があるのかを中心に解説してい
きます。

## → そもそもクラウドとは

クラウドとは、インターネット上に存在するデータ
保存スペースのことを指します。まるで、サイバー
空間上に、データ保存のための雲が浮かんでいる
ようなイメージから「クラウド」と呼ばれるようにな
りました。Google Workspace for Educationでは、
このクラウドスペースに「Googleドライブ」を使用し
ています（Lesson 08でも後述）。Googleドライブ内
に、ユーザーは文書やスライドなどのファイルを作
成し、保存しておくことができます。ファイルの編
集はインターネットを介して、クラウドスペース内で

行われますので、ファイルを紛失するという心配が
ありません。また、ファイルは自動保存されるため、
例えばパソコンでクラウド内の文書を編集したあと、
スマートフォンで同じファイルを開くと、まったく同
じ編集内容が反映された状態で表示されます。こ
のように、クラウドスペース内のファイルと端末内
のファイル内容をまったく同じ状態に保つことを「同
期」と呼びます。Google Workspace for Education
では、ファイルの同期がリアルタイムで行われます。

### ▶ クラウドの仕組み

出典：株式会社ストリー
トスマート提供資料をも
とに作図（https://www.
street-smart.co.jp/）

編集
同期

どこからファイルを
編集しても常に同じ
状態に保たれる

編集
同期

編集
同期

Google Workspace for
Educationのアプリで作成
したファイルはリアルタイム
で同期されます

NEXT PAGE →

## → データ容量を気にせず使える

Google Workspace for Educationで利用できるアプリは、自治体が管理する学区ごとに権限を割り当てられた範囲になりますが、ブラウザ（Chromeを推奨）からGoogleアカウントにログインすると、無償で利用することができます。

1つ目の利点は、本書執筆時の2021年8月現在、クラウドスペースが容量無制限で使えるという点です。2022年7月以降は1組織につき100TBに制限されま

すが、それでも使い切れないほどの大容量です。運動会や学芸会などの行事の写真や動画などを他人に送る場合、時間をかけてメールに添付して送信、やっと送信完了かと思ったら、容量オーバーで送信できなかった……。誰もが経験したことがあるのではないでしょうか。これだけの大容量なら、そんな心配はなくなります。

## → 複数人で同じファイルを扱える「共有」と「共同編集」機能

2つ目の利点はファイルの「共有」機能です。Google Workspace for Educationのクラウド内で作成したファイルは、他の教師や保護者などと簡単に共有し、閲覧したり編集したりしてもらうことができます。たんなる閲覧までなのか、内容の編集もできるようにするのかは、権限の設定によって異なります。詳しくはLesson 08で解説します。

ファイルを共有できるということは、すなわち「共同編集」が可能になるということでもあります。これが3つ目の利点です。例えば、教員室で文書データを編集しようとファイルを開いたら、他の人が同

じファイルを開いていて編集できず、同じファイルを開いている人を探し、閉じてもらう……といったことが、以前の校内LAN環境では当たり前でした。しかし、この時間のロスがゼロになります。Google Workspace for Educationなら、何十人でも同じファイルを開きながら、同時に入力や修正などの共同編集ができます。図はGoogleドキュメントを共同編集しているところです。編集しているところは1人ひとり色分けされて表示されます。この共同編集機能を使えば、授業での共同学習や職員会議での意見集約などにも活用できます。

### ▶ Google Workspace for Educationの共同編集機能

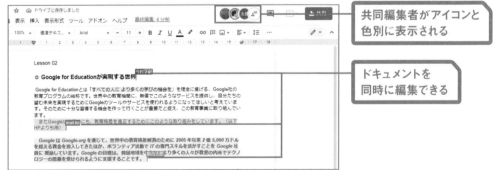

共同編集者がアイコンと色別に表示される

ドキュメントを同時に編集できる

# クラウド保存のメリット

クラウド上では、データを手動で保存をする作業からも解放されます。入力や修正などをするたび（数秒ごと）に自動保存されるため、ブラウザを閉じるだけでよいのです。

また、図の右側の表示のように、誰がいつ、どこにどんな編集をしたのかも変更履歴として自動的に記録されています。これによって、誤って消去してし

まっても、いつでも過去に遡ってそのときの状態に瞬時に戻すことができます。大人たちもですが、子どもたちは本当によく編集中のものを消してしまいます。そんなときも諦めることなく、元の状態に戻せるのは大きなメリットです。変更履歴は、［ファイル］→［変更履歴］→［変更履歴を表示］をクリックすると表示できます。

▶ データは自動保存、変更履歴が残る

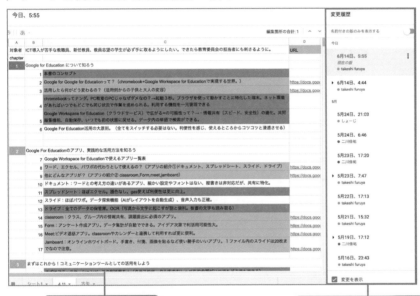

編集内容は自動的に保存される

変更履歴から元の状態に戻せる

間違って消しても大丈夫！クラウドアプリだから履歴から元に戻せます

## Lesson 06 ［教師が最も使うアプリ］
# 毎日使えば当たり前に まずはClassroomを使ってみよう

このレッスンの
ポイント

**Google Workspace for Education**にはさまざまなアプリや機能が入っています。自分がわかっていないことは教えられないと思うのが教師ですが、すべてを理解する必要も、使用する必要もありません。まずは1つ使えるようになって、毎日使うことを心がけましょう。

## → まず最初にクラスを開設しよう

Google Workspace for Educationでは、さまざまなクラウドアプリが利用できますが、一番最初に行ってほしいことは、クラウド上にクラスを開設することです。アプリは「Classroom」を使います。Classroomを使うことで、連絡帳や学級通信、小テスト、アンケートなどの課題を、児童・生徒に一斉送信することができます。Google Workspace for Educationで作成したファイルはクラウドアプリなの

で、クラス全員で共有でき、Lesson 05で解説した共同編集も容易です。

わからないアプリを見ると、すべてを理解したくなってしまうのが教師ですが、わからなくてもまずはClassroomを使い、クラスの開設だけはしておきましょう。これを利用してみるだけで、この教育サービスの利便性を一気に体感することができるはずです。

### ▶ Classroomでクラスを作る

Classroomアプリ。ここから
クラスを作成する

ここから「明日の連絡」など、クラス全体に
お知らせを送信できる

# Classroomを毎日開く習慣をつけよう

1人1台端末になったからには、毎日開く習慣をつけることが大切です。まずは、Classroomで毎日何かしら発信するようにしましょう。いちばんやさしいのは、明日の連絡をストリームのお知らせ欄から投稿することです。すると、児童・生徒も毎日開く癖がつきます。そこで担任が一言、その日あったことや、よかったところなどを書く習慣をつけると、コミュニケーションが活発になり、学級経営もよい方向に進みやすくなります。自治体の許可があれば、授業の様子を写真や動画で投稿するだけで、Classroom越しに自分の子どもが学校で何をしているかを、保護者がよく理解できるようになります。

▶ 明日の連絡を投稿してみよう

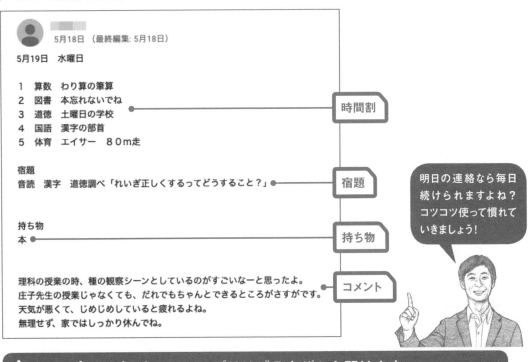

# → 長期休暇でも子どもたちとつながることができる

私（庄子）の場合、夏休みは毎日Classroomに投稿し続けました。コメントは任意です。教師が毎日習慣化して一言投稿することで、児童・生徒たちがコメントを返してくれるので、彼らがどのようにして過ごしているか把握することができます。宿題などの疑問にも対応することができます。

夏休みは長いです。毎年、夏休み明けの指導に苦労する教師を見かけますが、それは学校がない生活と学校がある生活のギャップが大きいからです。私が毎朝7時に投稿することで、子どもたちも規則正しい生活を行うことができます。宿題を頑張っているのが自分だけではないことを知り、やる気になります。休みの日も毎日投稿していたら、教師の仕事量が増えると思われがちですが、これがよい学級経営につながり、トラブルがなくなることで、むしろ仕事量は減ります。

## ▶ 投稿を習慣化する

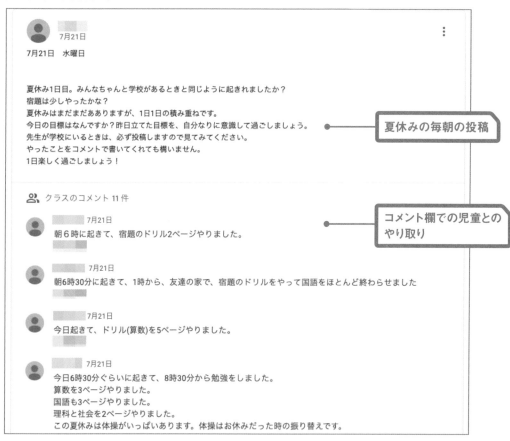

7月21日

7月21日　水曜日

夏休み1日目。みんなちゃんと学校があるときと同じように起きれましたか？
宿題は少しやったかな？
夏休みはまだまだありますが、1日1日の積み重ねです。
今日の目標はなんですか？昨日立てた目標を、自分なりに意識して過ごしましょう。
先生が学校にいるときは、必ず投稿しますので見てみてください。
やったことをコメントで書いてくれても構いません。
1日楽しく過ごしましょう！

> 夏休みの毎朝の投稿

クラスのコメント 11 件

> コメント欄での児童とのやり取り

7月21日
朝6時に起きて、宿題のドリル2ページやりました。

7月21日
朝6時30分に起きて、1時から、友達の家で、宿題のドリルをやって国語をほとんど終わらせました

7月21日
今日起きて、ドリル(算数)を5ページやりました。

7月21日
今日6時30分ぐらいに起きて、8時30分から勉強をしました。
算数を3ページやりました。
国語も3ページやりました。
理科と社会を2ページやりました。
この夏休みは体操がいっぱいあります。体操はお休みだった時の振り替えです。

# Lesson 07
## [教師が最も使うアプリ]
## Classroomで
## クラスを作ってみよう

このレッスンの
ポイント

前レッスンでご紹介したClassroomでクラスを作成すると、クラスに参加している生徒全員へのお知らせを投稿したり、課題を提出したりできるようになります。ここでは、教師側で行うクラスの作成方法と、生徒側で行うクラスへの参加方法を手順で紹介します。

## ● クラスを作成する

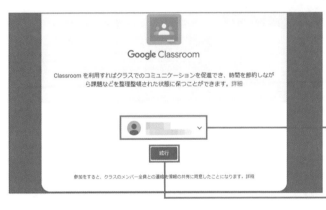

### 1 Classroomアプリにログイン

Classroomアプリをはじめて開くと、左のような画面が表示されます。

**1** ここに表示されたアカウントが、教育機関向けのGoogle Workspace for Educationのアカウントであることを確認します。

**2** [続行]をクリックしてログインします。

### 2 クラスを作成する

**1** [私は教師です]を選択します。

**2** 画面右上（タブレット等によっては左下など）にある[+]をクリックし、[クラスを作成]を選択します。

### (P) POINT
この操作手順は、PCのChromeブラウザで行っています。タブレット等のアプリから行う場合も、基本的な流れは同じです。適宜読み替えてご参考にしてください。

NEXT PAGE →

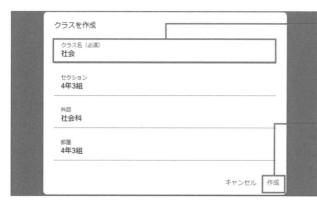

**3** [クラス名] の欄に、クラス名を入力します。

その他の項目も必要に応じて入力します（省略可で、あとから設定で追記できます）。

**4** [作成] をクリックします。

これでクラスが作成され、Classroomのトップページに表示されるようになります。

## ● クラスに生徒を招待する

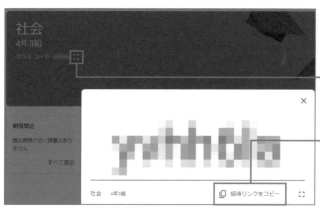

# 1 クラスコードを送る

**1** クラスを開くと、左上に表示される [クラスコード] の右脇にある [⬚] をクリックします。

**2** [招待リンクをコピー] をクリックします。

メールその他の連絡手段で、クラスコードを生徒に送ります。

**(P) POINT**
タブレット等のアプリは、設定を開くとクラスコードをコピーできます。

# 2 生徒がクラスに参加する

Classroomを開き、前ページ手順2の画面から [クラスに参加] を選択します。

**1** クラスコードを入力します。

**2** 右上の [参加] をクリックします。

**(P) POINT**
手順1の画面で、大きく表示されたコードを、児童・生徒に直接入力させてもよいでしょう。

**(P) POINT**
自治体が連絡先に児童・生徒を登録していれば、[メンバー] タブから招待するのも便利です。

# Chapter

# 2

# アプリの基本的な使いかたを知ろう

Google Workspace for Educationアプリのうち、教育現場で頻繁に使われるものをピックアップし、基本的な使い方や活用例を紹介します。

# Lesson 08 ［よく使うアプリ］
# 「マイドライブ」「共有ドライブ」とは？ ドライブの仕組みを理解しよう

**このレッスンの ポイント**

このレッスンでは、Google Workspace for Educationアプリで作成したファイルの保存場所である、「ドライブ」について解説します。ドライブを使いこなせるようになると、ファイルの共有から共同編集まで、教育現場での利便性は格段にアップします。

## → クラウドはすべてのデータの保管庫

Google Workspace for Educationのデータ容量は無制限です※1。Office系アプリや写真なども含めて、あらゆるファイルをすべて保存できます（使用する場合は、ダウンロードします）。

これが一番の強みかもしれません。ドライブの仕組みを理解し、共有の権限の範囲を間違えなければ、学校にあるデータはすべてドライブに入れて、従来のような容量制限のストレスから解放されましょう。

図は文部科学省の「教育情報セキュリティポリシーに関するガイドライン」（改訂）で示された見解です。クラウド・バイ・デフォルトの原則が示され、クラウドサービスの利用を第一候補として検討を行うとあります。

つまり文部科学省としても「しっかり安全性を担保すれば、学校内のファイルをドライブに保存してもOK」ということです。

### ▶ クラウド・バイ・デフォルトの原則を参考にガイドラインを改訂

**文部科学省**

クラウドを適切に活用することで、より安全に、柔軟かつ効率的にICT環境整備を進めることができ、教育現場の改善に向けた有力な解決策となる

参考↑　　　　　　　参考↑

**政府**

**クラウド・バイ・デフォルトの原則**
政府情報システムの導入において、「クラウドサービスの利用を第一候補として検討を行う」という基本方針

**総務省**

教育現場におけるシステム導入を検討する際には、クラウドから検討を始める（クラウド・バイ・デフォルト）

出典：文部科学省「教育情報セキュリティポリシーに関するガイドラインの目的」

日本の教育機関でもファイルの保存先はクラウドが当たり前に

※1：2021年8月時点の情報。2022年7月以降は1組織100TBまでに変更予定

# 「マイドライブ」と「共有ドライブ」

ドライブの保存先を大きく分けると、「マイドライブ」と「共有ドライブ」の2つがあります。

マイドライブの管理者は自分です。自分だけが見られる箱だと考えてください。このドライブ内のファイルやフォルダは「共有」機能を使うことで、学内および外部のアクセス権限を持つ者と共有できます。ただし、自治体によって外部への共有が制限されている場合があります。

一方、共有ドライブの管理者は組織です。学内の限られた人と共有する箱だと考えてください。こちらは「メンバーを管理」機能によって、権限を持つ学内のメンバー同士で、共有ドライブごと共有できます。同じプロジェクトを進めるメンバー全員に共有ドライブ内のファイルをすべて共有したい場合、とても有効です。筆者はクラスや委員会、クラブ活動などで分けて作成し、メンバー全員と一斉にファイルの情報共有をしています。なお、管理者の設定によっては外部とも共有はできますが、安全面から推奨できないため本書では割愛します。

名称：ドライブ
用途：ファイルの保存、共有

## ▶2つのドライブの違い

マイドライブ

各個人が管理者

共有元へアクセス

**マイドライブ**
**（管理者は自分）**
「共有」機能により学内および外部と
ファイルを共有可能

共有ドライブ

組織の領域へ保存

**共有ドライブ**
**（管理者は組織）**
「メンバーを管理」機能により、
権限を与えた者とのみ学内でファイルを共有

出典：株式会社ストリートスマート提供資料をもとに作図（https://www.street-smart.co.jp/）

大まかにマイドライブは自分が管理、
共有ドライブは組織が管理すると
覚えておくだけでも違います

# ➡ いずれのドライブでも「共同編集」が可能に

マイドライブの「共有」機能を使った場合でも、共有ドライブを使った場合でも、アクセス権限を持つユーザー同士で、ドライブ内のファイルを開くだけで「共同編集」することが可能です。従来なら、1つのファイルを開けるのは1人までが常識でしたが、

Google Workspace for Educationアプリで作成したファイルはクラウドにあるため、すべて同時編集が可能です。児童・生徒同士がリアルタイムで一緒に文書やスライドを作ることができるのです。

▶ 共同編集　　　　　　　出典：前掲と同じ

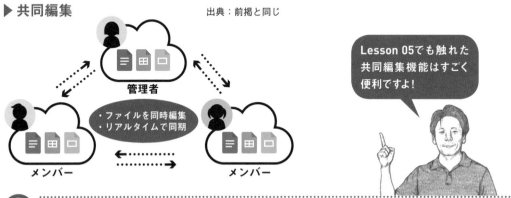

管理者
・ファイルを同時編集
・リアルタイムで同期
メンバー　　メンバー

Lesson 05でも触れた共同編集機能はすごく便利ですよ！

# ➡ メンバーごとに権限を設定する

マイドライブ・共有ドライブともに、管理者はドライブ内のフォルダごと、またはファイルごとに共有権限を設定できます。

マイドライブの権限は次ページの3種類で、「①編集者」であれば先述の「共同編集」機能が使えます。

一方、共有ドライブの権限は次ページの5種類で、①〜③であれば「共同編集」機能が使えます。それぞれ権限の設定方法についても、次のレッスンで解説します。

▶ 共有権限の仕組み　　　　出典：前掲と同じ

**編集者**
・ファイル変更
・ファイルを作成
・メンバーの変更

**閲覧者（コメント可）**
・コメント
・ファイル閲覧
・ダウンロード

**閲覧者**
・ファイル閲覧
・ダウンロード

**管理者**
・メンバーに権限を付与
・メンバーの追加や変更
・ファイルの管理

メンバーごとに別の権限を設定することができます

## ▶ マイドライブの3つの共有権限

①編集者：共有相手と一緒に編集できる（共同編集）。使用例：児童・生徒と一緒にプロジェクト学習をする。校内研の感想を教職員に書き込んでもらう

②閲覧者（コメント可）：共有相手にコメントのみを許可する。使用例：提案文書を教職員に周知し、コメントをもらう

③閲覧者：共有相手に閲覧のみを許可する。使用例：授業で参照したいファイルを児童・生徒に見せる。編集はされたくないので、この権限で共有する場合に有効

## ▶ 共有ドライブの5つの共有権限

①管理者：メンバーの管理や、すべてのファイルの編集、移動、削除を行えます（共同編集）

②コンテンツ管理者：すべてのファイルの編集、移動、削除を行えます（共同編集）

③投稿者：すべてのファイルの編集と新しいファイルのアップロードを行えます（共同編集）が、ファイルの移動と削除は行えません

④コメント投稿者：すべてのファイルに対してコメント投稿のみ行えます

⑤閲覧者：すべてのファイルの閲覧のみ行えます

出典：Google ドライブ ヘルプ「共有ドライブでファイルを保存、共有する」より一部引用

---

### 👍 ワンポイント 検索すればファイル内の文字まで即時に検索できる

図はドライブ上部の検索ボックスにキーワードを入力しているところです。ここでキーワード検索すると、ファイル内の文言まで対象にして、ドライブ内を検索できます。この機能がとても便利です。ファイル名を忘れたときや、他人が作ったファイルでも、自分が探したいことに関するファイルが検索1つですぐに見つかります。私（古矢）も運動会の団体競技の担当になり、

「大玉送り」と検索したところ、すぐに関連ファイルが見つかりました。確実に業務の時短につながります。また、OCR（文字認識機能）もあるので、画像内の文字も認識して検索することができます。画像内の文字までは自力で探すのは困難なので、ドライブにファイルを保存しておくことは、とても大きなメリットです。

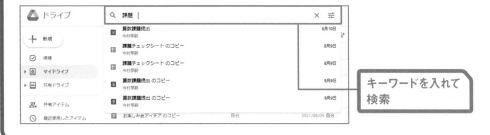

キーワードを入れて検索

# Lesson 09 ［よく使うアプリ］
# マイドライブと共有ドライブで行える 2つの共有機能と権限の設定

このレッスンの
ポイント

前レッスンで解説したマイドライブの「共有」機能の使い方と、共有ドライブにおける「メンバーを管理」の使い方を手順で解説します。いずれもドライブ内のファイルを「共同編集」するさいによく使われるので、本書を読み進めるうちに迷ったら、適宜参照してください。

## ● マイドライブ内のファイルを「共有」する（共同編集も可能に）

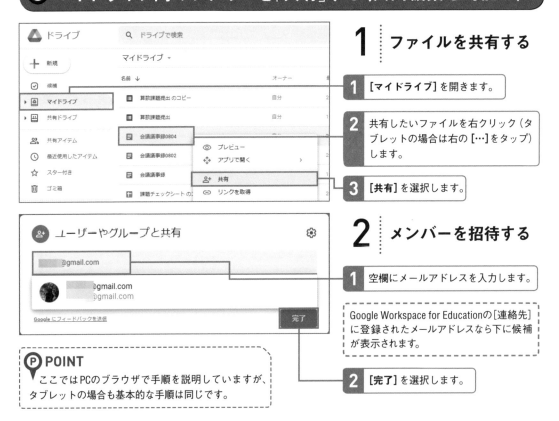

**1 ファイルを共有する**

1 ［マイドライブ］を開きます。

2 共有したいファイルを右クリック（タブレットの場合は右の［…］をタップ）します。

3 ［共有］を選択します。

**2 メンバーを招待する**

1 空欄にメールアドレスを入力します。

Google Workspace for Educationの［連絡先］に登録されたメールアドレスなら下に候補が表示されます。

2 ［完了］を選択します。

**ⓟ POINT**
ここではPCのブラウザで手順を説明していますが、タブレットの場合も基本的な手順は同じです。

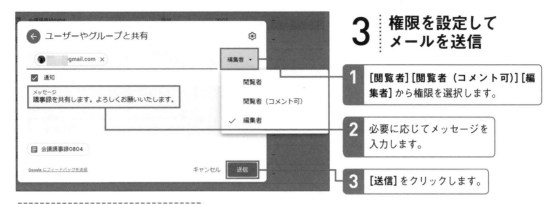

# 3 | 権限を設定してメールを送信

**1** [閲覧者] [閲覧者（コメント可）] [編集者]から権限を選択します。

**2** 必要に応じてメッセージを入力します。

**3** [送信]をクリックします。

## (P) POINT

「共有」したファイルは、編集権限のあるユーザー同士で「共同編集」できるようになります。

ここではファイルの共有方法を説明しましたが、フォルダの共有方法もまったく同じです

---

## ✋ ワンポイント 共有リンクを取得して送信する

マイドライブ内のファイルのリンク（URL）のみ取得して、別途チャットやClassroomに送信したい場合は、手順1の画面でファイルを右クリックしたときに表示される［リンクを取得］を選択します。続く画面で手順3と同じように、権限を設定し、［リンクをコピー］を選択すると、クリップボード内にファイルを共有するためのリンクがコピーされます。あとは、そのリンクをチャットやClassroomなどで共有相手に送信すればOKです。Classroomアプリでクラスに課

題を配布したり（Lesson 33）、「チャット」アプリ（Lesson 21）で校内の誰かとファイルを素早く共有したい場合、メール以外の連絡手段で外部とファイル共有したい場合などにはこちらが便利です。

ただし、この方法や通常の共有方法であっても、自治体ごとに共有できる範囲が制限されている場合があるため、外部とファイル共有そのものができない可能性がある点は、ご注意ください。

| | |
|---|---|
| 📋 算数課題提出 | |
| 📄 会議議事録0804 | 👁 プレビュー |
| 📄 会議議事録0802 | ✛ アプリで開く　> |
| 📄 会議議事録 | 👤+ 共有 |
| 🔲 課題チェックシートのコピー | 🔗 リンクを取得 |
| | ＋ ワークスペースに追加　> |
| | 📁 ファイルの場所を表示 |

**ファイルを共有するためのURLがコピーできる**

# ● 共有ドライブ内にメンバーを招待し、権限を付与する

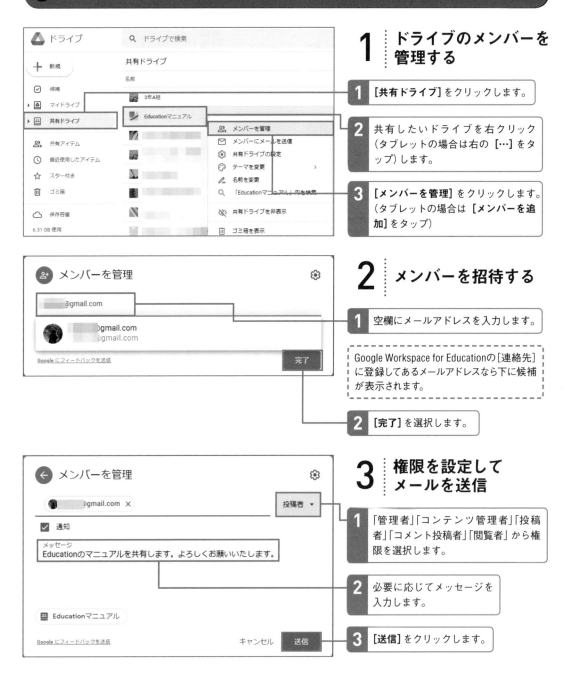

## 1 ドライブのメンバーを 管理する

**1** [共有ドライブ]をクリックします。

**2** 共有したいドライブを右クリック （タブレットの場合は右の［…］をタ ップ）します。

**3** [メンバーを管理]をクリックします。 （タブレットの場合は［メンバーを追 加］をタップ）

## 2 メンバーを招待する

**1** 空欄にメールアドレスを入力します。

Google Workspace for Educationの［連絡先］ に登録してあるメールアドレスなら下に候補 が表示されます。

**2** [完了]を選択します。

## 3 権限を設定して メールを送信

**1** 「管理者」「コンテンツ管理者」「投稿 者」「コメント投稿者」「閲覧者」から権 限を選択します。

**2** 必要に応じてメッセージを 入力します。

**3** [送信]をクリックします。

# ➡ 共有権限ごとにできること、できないこと

マイドライブの「共有」機能、共有ドライブの「メンバーを管理」でそれぞれ付与された権限ごとに、できる操作とできない操作が大きく異なります。

### ▶ マイドライブの「共有」機能で設定できる権限

| ファイルやフォルダ操作 | 管理者 | 編集者 | 閲覧者（コメント可） | 閲覧者 |
|---|---|---|---|---|
| ファイルの閲覧 | ○ | ○ | ○ | ○ |
| ダウンロード・印刷・コピー | ○ | ○ | ○ | ○ |
| ファイルを編集する（共同編集） | ○ | ○ | | |
| ファイルやフォルダを作成する | ○ | ○ | | |
| ファイルにメンバーを追加する | ○ | ○ | | |
| フォルダにメンバーを追加する | ○ | ○ | | |
| ファイル・フォルダをゴミ箱に移動 | ○ | | | |
| ファイルのダウンロード・印刷・コピーを禁止させる | ○ | | | |

### ▶ 共有ドライブの「メンバーを管理」で設定できる権限

| ファイルやフォルダ操作 | 管理者 | コンテンツ管理者 | 投稿者 | コメント投稿者 | 閲覧者 |
|---|---|---|---|---|---|
| ファイルの閲覧 | ○ | ○ | ○ | ○ | ○ |
| ダウンロード・印刷・コピー | ○ | ○ | ○ | ○ | ○ |
| ファイルを編集する（共同編集） | ○ | ○ | ○ | | |
| ファイルやフォルダを作成する | ○ | ○ | ○ | | |
| ファイルにメンバーを追加する | ○ | ○ | ○ | | |
| フォルダにメンバーを追加する | ○ | | | | |
| ファイル・フォルダをゴミ箱に移動 | ○ | ○ | | | |
| ファイルのダウンロード・印刷・コピーを禁止させる | ○ | | | | |

出典：Google Workspace管理者 ヘルプ「共有ドライブのアクセスレベル」
（https://support.google.com/a/answer/7337554?hl=ja）を参考に作成

重要なファイルを扱う場合、
権限の管理は慎重に！

Lesson
10

[よく使うアプリ]

# Officeのように使える！ドキュメント、スプレッドシート、スライド

このレッスンの
ポイント

Google Workspace for Educationのサービスのうち、非常によく使う代表的なアプリとしてドキュメント、スプレッドシート、スライドの3つが挙げられます。ファイルの保存先であるクラウドのGoogleドライブと併せて、概要を見ていきましょう。

## ⊕ すべてのアプリに共通する最大の特徴

Google Workspace for Education上のアプリで作成するファイルは、クラウドが保存場所になっているため、すべてドライブに保存することが前提となっています。まずはこの大前提を押さえておきましょう。また、Lesson 05で触れたとおり、クラウドが保存先になっているからこそ、後述するファイルの「共有」や「共同編集」が可能になります。どんなアプリを使う場合でも、ファイルはドライブに自動保存され、保存したファイルは共有や共同編集ができる、という点は必ず押さえておきましょう。

▶ 押さえておきたい大前提

##  Wordに相当する「ドキュメント」

MicrosoftのOfficeで言うWordに当たるのが、「ドキュメント」です。ドキュメントは複数の人が同時に閲覧したり編集したりできる文章作成ツールです。画像入りの文章を作成できるほか、ウェブページのリンクの挿入にも対応しています。授業では国語の

感想文を書かせたり、音声入力を使ったスピーキングなどで活用しています（Lesson 34、37で解説）。

名称：ドキュメント
用途：文書作成

### ▶ ドキュメントの使用例

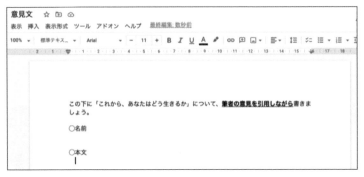

国語だけでなく、学内や保護者向けの資料作成にも便利です

##  Excelに相当する「スプレッドシート」

MicrosoftのOfficeで言うExcelに当たるのが、「スプレッドシート」です。スプレッドシートは、出席簿や成績管理表、運動会の得点表といったデータの収集や分析に役立つ表計算ツールです。データをグラフ化したり指定した条件で並び替えたり、ピボット

テーブルによるデータ抽出はもちろんのこと、さまざまな情報整理に利用できます。

名称：スプレッドシート
用途：表計算

### ▶ スプレッドシート使用例

左は特別教室の予約表です。工夫次第でいろいろな使い方が見つかりますよ

##  PowerPointに相当する「スライド」

MicrosoftのOfficeで言うPowerpointに当たるのが、「スライド」です。スライドは図版や写真などを使った発表資料を手軽に作成できるプレゼンテーションツールです。例えば、社会の授業で課題を与え、考えをまとめるためにスライドを使い発表させる、といった使い方が便利です。これも複数の人が同時に編集可能なので、グループでの共同学習や共同発表に適しています。

名称：プレゼンテーション
用途：スライド

### ▶ スライドの使用例

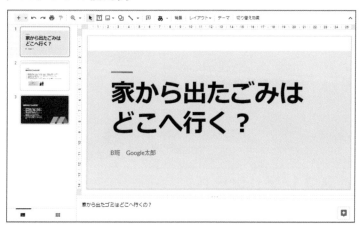

家から出たごみは
どこへ行く？

B班　Google太郎

家から出たゴミはどこへ行くの？

社会の授業で与えた課題を
スライドで発表してもらう。
こんな使い方もできます

##  使用頻度の高いアプリ。使い方に慣れていきましょう

校務でも授業でも、いままでのPC作業の延長にあるこの3アプリ＋ドライブを使うことが多くなります。いままで使い慣れているWordやExcel、PowerPointに近いアプリなので、これらの使い方をまず覚えていくことが、Google Workspace for Education導入にはとても大切です。授業用の課題や校内の資料作成でよく使うので、使い方に慣れると仕事がスムーズに進むでしょう。

# Lesson 11

[よく使うアプリ]

## 授業でよく使う！Classroom、Forms、Jamboard、Meet

このレッスンの
ポイント

Google Workspace for Educationには、ほかにも教育機関向けにたくさんのアプリが用意されています。どれも大変便利なもので、それについてまずは概要を紹介していきます。各々のアプリの詳しい活用法は、Lesson 15以降、本書のさまざまな活用事例で解説します。

## → クラス運営に必須の「Classroom」

Google Workspace for Educationのうち、最もよく使うのが「Classroom」です。いわゆるオンライン上のクラスと考えてください。児童・生徒に連絡をしたり、クラスでファイルの共有をしたり、課題を出したり、手紙やプリントをデータで配布したりすることができます。また、ここからオンライン授業や会議を始めることもできます（Lesson 15）。

担任の教師も参加している、クラスのSNSのようなものなので、安心・安全に使うことができます。児童・生徒同士だけではなく、教師も含めたコミュニケーションを取ることができます。普段教室ではなかなか話すことができない児童・生徒も、ここならコメントなどで自己を表現できることもあります。Google Workspace for Educationの各種サービスを使うときの、子どもたちにとって中心基地となる場所です。

名称：Classroom
用途：クラス運営

### ▶ Classroomの使用例

クラスのコミュニケーションに欠かせないアプリです

#  アンケートや小テストに「Forms」

アンケートや簡単なテストを行えるアプリです。児童生徒の意見を集約したり、投票数を集計したりして、グラフに出力することができます。円グラフや、棒グラフなどで、瞬時に意見が可視化されるので、児童・生徒間の議論が活発化されます。授業では小テストを作り、Formsで解答を集めると、その場で即時に採点・評価ができて便利です。

また、保護者の学校評価のアンケートなどにも活用することもできます（Lesson 27）。Formsはクラス運営、授業、保護者とのやり取りなど、とても多くの場面で活用できるアプリです。

名称：Forms
用途：アンケート、小テスト

## ▶ Formsの使用例

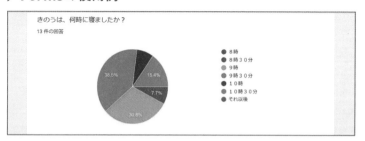

集計したアンケートはグラフに出力できます。わかりやすいですね！

#  アイデア出しに便利「Jamboard」

オンライン上のホワイトボードや模造紙となるアプリです。付箋やペンなどの機能を使いながら、アイデアを出し合ったり、話し合ったりできます。画像を貼り付けてペンで書き込んだり、付箋を並べて思考を深めたり広げたりするのにも有効です。
クラスでは班ごとに使用するフレームを割当てておき、共同編集機能で話し合いながらアイデア出しを

する、発表するといったシーンで重宝します。そのさい、フレームを切り替えることで、各児童・生徒の端末から、ほかの班の作業状況を見ることもできます（Lesson 32）。

名称：Jamboard
用途：オンラインホワイトボード

## ▶ Jamboardの使用例

共同編集機能を使いみんなのアイデアを付箋で集めましょう

# → ビデオ通話やチャットに「Meet」

オンラインでのビデオ通話アプリです。最大100人まで一緒に参加できます。画面共有もできます。手を挙げる機能やチャット機能もあるので、児童・生徒とのやり取りも活発に行うことができます。
Meetの最大の特徴は、Classroomとの連携です。Classroomのトップページにリンクを発行しておけば、ワンクリックでビデオ通話を開始できます。この機能は特に、休校時などに重宝することと思います。

例えば、2020年3月、4月、5月の休校時に多くの学校でできなかった「離れていても児童1人ひとりとつながること」がワンクリックでできるようになります。詳しくはLesson 15、17をご覧ください。

名称：Meet
用途：ビデオ通話、チャット

## ▶ Meetの使用例

特に休校時には必須となるアプリです。使い方に慣れましょう

---

## 👍 ワンポイント Classroomと共有機能

Lesson 09で解説した［リンクを取得］機能を使うと、Google Workspace for Educationアプリで作成したファイルのリンクを取得できます。このリンクをClassroomを使ってクラスに投稿すれば、課題の配布が一瞬で行えるようになります。図のように、Classroomはあらゆるアプリのハブになるということです。このような使い方は本書のさまざまなところで触れるので、ぜひ覚えておきましょう。

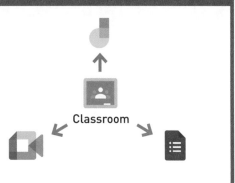
Classroom

## Lesson 12

[アプリの活用例]

# WordのようでWordじゃない Googleドキュメントの活用例

このレッスンの
ポイント

いまの学校の公文書のほとんどはWordでできています。ドキュメントを使えば、同じような文書を作成できるだけでなく、共同編集も可能になります。クラウドアプリの利便性を生かすことで校務改善となり、働き方改革にもつながっていきます。

## → 共同編集に優れているが、使い勝手はWordと同じ

Microsoftのwordとの大きな違いは、複数の教職員で1つの文書を同時に閲覧したり、編集したりと共同作業に優れた文書作成アプリであるという点です。とはいえ、画像やリンクの挿入、書式やスタ

イルの設定などの基本機能はWordとほとんど変わりません。ですからWordを使うような気持ちで、あまり気負わずにどんどん使ってみることをオススメします。

### ▶ 使い勝手はWordとほとんど同じ

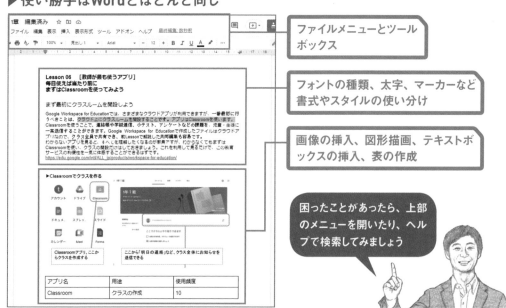

ファイルメニューとツールボックス

フォントの種類、太字、マーカーなど書式やスタイルの使い分け

画像の挿入、図形描画、テキストボックスの挿入、表の作成

困ったことがあったら、上部のメニューを開いたり、ヘルプで検索してみましょう

# → 公文書も共同編集で効率よく作成する

Lesson 08で触れましたが、文部科学省は「クラウド・バイ・デフォルトの原則」を参考に、教育機関でのファイルの保存先をクラウドに移行する見解を示しています。現在、多くの公立小学校ではほとんどの公文書をWordで作成していますが、校内LANで同時に開くことができないため作業できない、といったケースが多々見られます。対して、クラウド

アプリのドキュメントならそんな心配はありません。むしろ、はじめから公文書をドキュメントで作成し、共同編集しながら作成するのが効率的ではないでしょうか。「帰らなきゃいけないのにファイルが開けない」というムダは今後生じなくなりますし、作業効率も大幅にアップします。

# → 共同編集でも消えるのはこわくない、どんどん使おう

大人が行っていることなので、意図的に消すことはないのですが、故意ではなく間違えて、あるいはうっかり消してしまうことがあります。文書を共同編集しているなら、なおさら事故は起こります。

しかし、Lesson 05でも触れたとおり、クラウドな

ら消えてしまっても簡単に戻せます。ですからまずは、どんどん使ってみることが大事です。使わなければ、何も始まらないからです。あまり使ったことのない教職員には、「消しても戻せるから、どんどん使いましょう」と促すことが大切です。

## ▶ 変更履歴の表示と復元

[ファイル]→[変更履歴]→[変更履歴を表示]
を選ぶと、画面右側に履歴が表示される

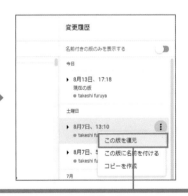

履歴の右横にある[⋮]→[この版を復元]
を選ぶと、その日付の状態に戻せる

消えても戻せるからどんどん使いましょう

# ➡ 縦書きは非対応、でも工夫次第では学習にも使える

文書作成機能はWordとほとんど同じですが、非対応のものもあります。1つ目はフォントの種類がWordより少ないことです。凝ったものを作りたい人は別ですが、公文書を作る上ではまったく困りません。2つ目は縦書きです。Google Workspace for Educationのすべてのアプリは縦書き非対応なので、縦書きを使わなければならないときは、Wordや一太郎を使いましょう。

とはいえ、本学級では、縦書き非対応のアプリを使って、短歌の学習をしました。ドキュメントなら、メニューから [挿入] → [画像] → [新規] を選択し、テキストボックスを上手に使えば、縦書きのように表現することも可能です。同じやり方でスライドを使えば背景も簡単につけられるので、工夫次第で素敵な作品に仕上げることもできます。

## ▶ テキストボックスを使った縦書き風の表現

テキストボックス

保存するとドキュメントに貼りつけられます

あくまで一例ですがご参考に！

1文字ずつ改行して1行ずつボックスを作成

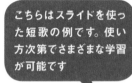

## ▶ 短歌の学習で作られた作品

これからね
何があっても
前向いて
空を見ながら
歩いて行こう

こちらはスライドを使った短歌の例です。使い方次第でさまざまな学習が可能です

# Lesson 13 ［アプリの活用例］
## Excel以上の使い道が期待できる スプレッドシートの活用例

**このレッスンの ポイント**

> Excelの代わりとなる表計算アプリのスプレッドシート。Excelとほぼ同じ機能を持ち、共同編集ができることにより、その使い道の可能性はさらに広がります。ここでは「Excelのファイルやマクロは使えるのか?」といった疑問に答えながら解説します。

## → 共同編集をうまく使えば、可能性は無限大

Excelにはない最大のメリットとしては、やはり複数人での共同編集、自動保存、編集履歴などクラウドによる利便性が高いことです。

右図は運動会の得点係の得点集計シートです。得点が自動計算されるようにシートを作っておき、得点係が校庭で順位を入力すれば、教室にいる児童・生徒の端末に総得点がリアルタイムで表示されるというもの。手動計算が不要になったのはもちろんですが、得点係の児童・生徒たちが「次回の運動会は、スポーツ中継のようにプロジェクターで映せないかな!?」とアイデアを膨らませていたのが印象的でした。効率化できるものはテクノロジーに任せ、子どもたちが新しいアイデアを創出できるような、さまざまな仕掛けづくりができるのではないかと思われた瞬間でした。

> 使う人によってアイデアは無限大！ それがクラウドのよいところです

### ▶ 運動会得点集計表

> 得点が自動計算され 子どもたちの端末に リアルタイムで表示

## 校務でもじゅうぶん使え、Excelとも遜色ない

そのほか、校務では専科教員と成績表や宿題提出状況を共同編集したり、特別教室の空きを確認（Lesson 50）したりしています。学校現場での活用の幅は、アイデア次第で無限に広がるでしょう。Excelからの移行に関して、教師である私が学校現場で使うには、機能面での不満はまったくありません。関数もExcelと同じなので、ほとんど同じ感覚で使えています。このようなメリットがあり、他人へ

の共有も簡単なので、ほとんどスプレッドシートを使うようになりました。

あえてデメリットを挙げるとすると、Excelファイルをスプレッドシートで読み込むと、少し行が見えなくなったり（もちろん幅を修正すれば見えるようになります）、フォントの種類が少ない、グラフの細かい編集はExcelのほうがやりやすい、ということはありますが、気になるのはその程度です。

## Google Apps Scriptを使えば、さらに利便性アップ！！

Excelが得意な人のなかには、マクロを活用している方もいるでしょう。Excelのマクロだけはスプレッドシートでは動きません。その代わりになるのがプログラミング言語であるGoogle Apps Script（GAS）です。スプレッドシートの［ツール］→［スクリプトエディタ］からアクセスでき、スプレッドシートに限らず、Googleのほかのアプリと連携して、さまざまなシステムを組むことができます。

私は、「スプレッドシートに記入した宛先全員に、指定時刻にGmailと連携して一斉にメール配信する」というシステムをよく利用しています。

一般的に使うようなシステムの作り方は、ネット上に公開されていることが多いです。GASのスクリプトをコピー＆ペーストすれば、すぐにシステムを組めると思います。私もそうして作りました。

▶ GASを使った自動メール送信システム

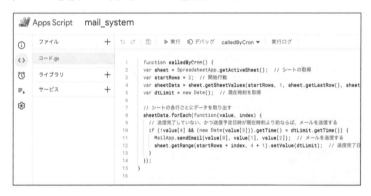

プログラミング教育が必修のいま、教師も勉強がてら試してみるのもいいですよね

# Lesson 14 ［アプリの活用例］
# PowerPointにはない魅力がある スライドの活用例

**このレッスンの ポイント**

いままで、ほとんどの学校で**PowerPoint**がプレゼンテーションソフトとして使われてきました。これを共同編集ができるスライドに変えるだけで、児童・生徒の学び方が大きく変わるようになりました。事例を交えてご紹介します。

## → PowerPointと同等の機能、授業・校務でも遜色なく使える

スライドとPowerPointを比べた場合、使い勝手はほとんど変わりません。新規スライドを作成したら、テーマを選ぶとデザインテンプレートが表示されるので、テキストを入力していくことで簡単に発表資料が作れます。書式やスタイルの設定、グラフや図

表の挿入機能も備えているので、授業や校務で遜色なく使えます。欠点があるとしたら、ドキュメントと同様、フォントの種類が少ない、縦書きには非対応といったところでしょう。

### ▶ 使い勝手はほとんど同じ

## → 共同編集・共同発表で、学びのアウトプットが変わる

いままででも、単元のまとめとして、児童・生徒たちがPowerPointで資料を作り、クラス全員の前で発表することがあったと思います。それをスライドでの発表に切り替えることで、1人ではなく複数人で共同編集しながら資料を作成できるようになりました。

クラス全員分の発表を1人ずつ行うと時間も労力も

かかりますが、班ごとの共同編集・共同発表に切り替えることで、作業効率も上がり、内容もよくなります。クラウド上での共同作業は、児童・生徒のコミュニケーションを活発化させ、チームプレーや他人への配慮、協調性などがアウトプットに生かされたものとなります。ここが従来の学びとは大きく異なるところです。

### ▶ 子どもたちの学びが大きく変わります

## → 音声入力が使えるから低学年でも発表が行える

キーボードによる文字のタイピングがまだできない、あるいは苦手な児童・生徒でも、音声入力を使えば苦手をカバーできます。Google Workspace for Educationのアプリの一部は音声入力に対応しており、スライドの場合は［ツール］→［スピーカー ノー

 トを音声入力］から行えます。スライドの音声入力はかなり正確です。音声入力によって、キーボード入力に慣れていない小学校低学年からスライドを使っての発表を行うことができるようになります。

### ▶ スライドの音声入力機能

## Lesson 15

[アプリの活用例]

# クラス運営、情報共有、課題提出に必須 Classroomの活用例

**このレッスンの ポイント**

クラス運営の中心基地となるのが**Classroom**アプリです。**1**人**1**台端末が前提となる**GIGA**スクール時代、このアプリを使いこなし、クラスのコミュニケーションや情報共有、課題提出をしていくことは、もはや教師必須のスキルといっても過言ではありません。

## Classroomでできることを知ろう

Classroomは、教師と児童・生徒がオンライン上で一堂に会し、連絡や提出課題を確認し合ったり、コミュニケーションが行えるアプリです。Classroom を開くとまず、4つのタブのうち「ストリーム」の画面が表示されます。タブをクリックすると表示を切り替えられます。

### ▶ Classroomの各機能

すべての情報が流れる掲示板のようなもの

授業で使う課題や資料、質問を送る

誰がこのClassroomにいるのかを確認したり、メンバーを追加したりする

設定変更。よく使う

テストの採点一覧などを確認する

Meetのリンクを作成。児童・生徒を招待するときは、上の［クラスコード］を伝えてもOK

［ストリーム］タブに表示される、クラスへのお知らせを入力する欄

# 各タブの機能と使い道

「ストリーム」は、画面中央の入力欄から、クラスへのお知らせを送信できるタブです。日々の連絡をするときも、課題を出すときも、何かアンケートなどを取るときにも、クラス運営のすべての中心がここになります。

「授業」は、課題や質問、資料を送れるタブです。「メンバー」はこのClassroom内にいる教師と生徒を確認することができるタブです。「採点」はメンバーの課題の提出状況や、採点した点数を確認することができます。

ストリームに表示される投稿スレッドがクラス運営の要となっており、日々の連絡をしたり、児童・生徒とコミュニケーションを取ったりと頻繁に使います。Lesson 06で紹介した「明日の連絡」「長期休暇の毎日の投稿」も、このストリームから行っているわけです。

また、ドキュメント、スプレッドシート、Formsなどのリンクを取得して（Lesson 09）、ストリームに投稿することで、クラス全員で簡単にファイルを共有することもできます。ファイル共有はこのストリームを使うのが一番スムーズなので、使用頻度は一番高いと思います。

# 安心・安全に使うためのオススメの初期設定

はじめて使う場合、最初に心配になるのが、児童・生徒が好き勝手に投稿やコメントをしてしまい、大事な情報にたどり着けない、ということです。それを未然に防ぐ設定をしておくことをオススメします。まずは、Classroom右上の［設定］を開き、［全般］欄に［ストリーム］とあるので、［▼］をクリックしましょう。ストリームへの投稿は、［生徒に投稿とコメントを許可］［生徒にコメントのみ許可］［教師にのみ投稿とコメントを許可］の3つから選べます。まずはじめに設定しておくと安心なのは、教師が投稿を立てて、そちらにコメントだけをさせる［生徒にコメントのみ許可］です。慣れてきたら徐々に生徒にも投稿ができるようにしていくと、多くの先生にとって安心ではないかと思います。

## ▶ 投稿とコメントの設定

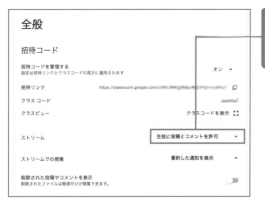

ここからストリームへの投稿とコメントの設定が3種類から選べる

最初に設定しておくと安心です

# Meetですぐにつながるように設定しておこう

Classroomで便利なのが、ビデオ通話アプリMeetにワンクリックでつなげられることです。下図で紹介する設定さえしておけば、Classroomからクラス全員で話せるビデオ会議ルームにすぐにアクセスできるようになります。そのつどMeetのURLを発行したり、確認したりせずに、「○月○日の○時にMeetに集合！」とストリームから投稿するだけで、済むようになります。

オンライン授業などで急な対応をしなくてはいけなくなったときに備えておきましょう。

## クラス用のMeetのリンクを設定する

### 1 Meetのリンクを生成する

**クラスで Meet を使用する**
Meet のビデオ会議を使用することで、生徒とつながって遠隔学習を行えるようになります。Meet の管理はクラスの設定から行えます。

Meet のリンクを生成

生徒に表示　　　　　　　　　　　　　　　詳細　OK

**1** 📹 をクリックします。

**2** [Meetのリンクを生成] をクリックします。

### 2 Meetのリンクを保存する

**クラスで Meet を使用する**
Meet のビデオ会議を使用することで、生徒とつながって遠隔学習を行えるようになります。Meet の管理はクラスの設定から行えます。

https://meet.google.com/　　　　　　　コピー

生徒に表示　　　　　　　　　　　　　　　詳細　保存

クラス用のMeetのURLが表示されます。

**1** [保存] をクリックします。

### 3 MeetのリンクがClassroomに設定される

**G年E組**
クラス コード
Meet のリンク　https://meet.google.com/

**1** 📹 をクリックするとビデオ会議ルームに入ります。

日時を決めておけば、ここからいつでもクラス全員で話せます。Meetのリンクはいわばオンライン上の待ち合わせ場所みたいなものと言えますね！

## Lesson 16

### [アプリの活用例]
# アンケート作成・集計、小テストまで Formsの活用例

このレッスンの
ポイント

> アンケート集計や、小テスト、振り返りの集計、児童・生徒同士の相互評価など、さまざまな使い方をされている Forms。Microsoftの Office365にも類似アプリがありますが、使ったことがない人も多いと思うので、実際にアンケートの作り方を紹介しながら説明します。

## ⊙ Formsでできることを知ろう

Formsはアンケートの作成が簡単、かつ直感的な操作で作成できるアプリです。設定できる回答のしかたは、ラジオボタン、チェックボックス、自由記述式、プルダウン、数値（1〜10から選択）など多岐にわたります。また画像の挿入なども簡単にできるのも特徴です。

最大の特徴は、回答がリアルタイムで自動集計され、グラフ化されることです。Classroomからアンケートを送信して、締め切り日時を伝えておけば、あとは集計結果を参照するだけ。手動で計算する手間もなく、素早く児童・生徒たちにフィードバックできます。また集計結果をスプレッドシートに書き出すこともできるため、集めた回答をソートしたり、プレゼン資料に転用したりと、使い道が広いです。

Formsへの回答は選択式なので、小テストにも使え、学習の最後に習熟度を測ることもできます。詳しくは、Lesson 28で解説します。

### ▶ Formsで作成したアンケートと回答の集計結果

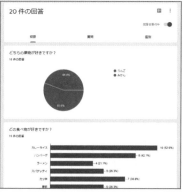

使用頻度はかなり
高いアプリです

# ● Formsで簡単なアンケートを作ってみよう

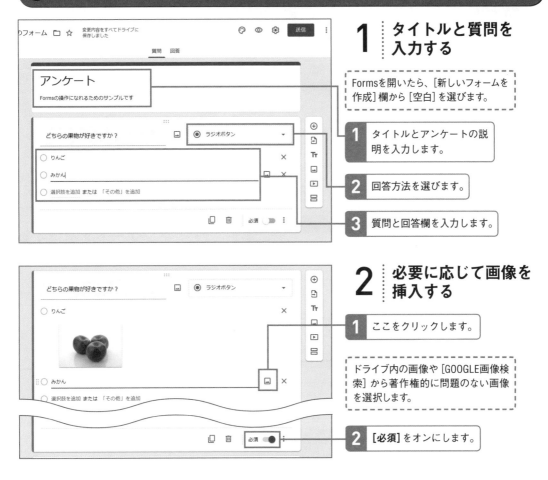

## 1 タイトルと質問を入力する

Formsを開いたら、[新しいフォームを作成]欄から[空白]を選びます。

**1** タイトルとアンケートの説明を入力します。

**2** 回答方法を選びます。

**3** 質問と回答欄を入力します。

## 2 必要に応じて画像を挿入する

**1** ここをクリックします。

ドライブ内の画像や[GOOGLE画像検索]から著作権的に問題のない画像を選択します。

**2** [必須]をオンにします。

---

# Point 回答方法にふさわしい質問を

質問と回答欄がちぐはぐにならないよう注意しましょう。例えば「どちらの果物が好きですか?」という2択の質問に対して、回答欄が5つもあったら混乱します。回答方法はラジオボタン（1つを選択）、チェックボックス（複数回答）、自由記述式、プルダウン（選択肢の中から選ぶ）、数値で選ぶ（1～10から選択）などです。いくつか試しながら作成するとよいでしょう。

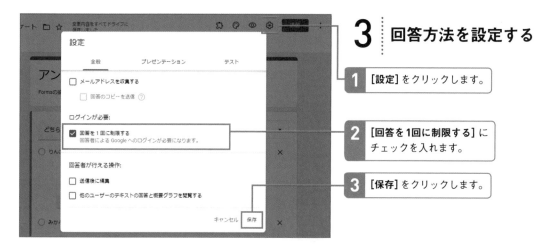

# 3 回答方法を設定する

**1** [設定] をクリックします。

**2** [回答を 1 回に制限する] に
チェックを入れます。

**3** [保存] をクリックします。

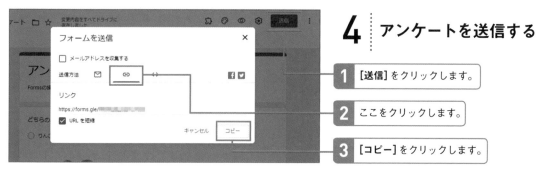

# 4 アンケートを送信する

**1** [送信] をクリックします。

**2** ここをクリックします。

**3** [コピー] をクリックします。

---

**(P) POINT**
左のメールアイコンからは、メールアドレスを入力して
Forms上から直接アンケートを送信することも可能です。

**(P) POINT**
コピーしたリンクは、Classroomのストリーム
からクラスに一斉送信すると便利です。

---

## 👍 ワンポイント Formsの活用例あれこれ

例えば、授業の開始直後に、実態調査としてアンケートを取り、クラス全員で集計結果を見ながら授業を進めることができます。逆に、授業の最後に振り返りを書かせて共有したり、評価したりするということにも使えます。

また、校務にもとても役立ちます。毎年のクラブ活動の希望調査もこれを使えばすぐにできます。保護者向けには、学校評価アンケートや個人面談などの希望調査などに使うことができま

す。職員室などでよく行われている行事の反省なども、これを使えばすぐに行え、しかも集計の手間が省けます。Google Workspace for Educationアプリのなかでも、学校現場に一番役立つサービスではないかと思います。

ぜひたくさん
触って慣れて
みてください

## Lesson 17

[アプリの活用例]

# ビデオ通話アプリの基本操作を覚えよう
# Meetの活用例

**このレッスンの
ポイント**

ビデオ通話アプリMeetの基本的な操作を覚えて、オンライン授業が
できる環境を整えましょう。他のオンラインミーティングのサービス
とは違うところもたくさんありますので、実際に手を動かしながら読
んでいただくことをオススメします。

## ● ビデオ会議の作成方法と基本的な操作方法

### 1 ビデオ会議のリンクを作成する

Meetアプリを開きます。

1 [新しい会議を作成]をクリックし、リンクを作成します。

### 2 リンクのタイプを選択する

いずれかのリンクを作成して開くと、即座にビデオ会議が始まります。

クラスのビデオ会議なら、Lesson 15で作成したClassroom用のリンクを使います。

いつでも参加可能なビデオ会議のリンクを作成する

ただちにビデオ会議を開始する(開始直後、リンクが作成される)

カレンダーで日時を指定してリンクを作成する

# ビデオ会議中の操作方法

いずれかの方法で作成したMeetのリンクを開くと、ビデオ会議が開始されます。GIGAスクール端末でよく使われるChromebookなら、標準でカメラとマイクがついているので特別な設定なしにビデオ通話が行えます。

おもに使う機能は次のとおりです。特に、「マイクのオン／オフ」「ビデオのオン／オフ」「挙手／下ろす」

「画面の共有」「全員を表示」「通話中のメッセージ（チャット）」はよく使います。また、「その他のオプション」からは「ミーティングを録画」「レイアウトを変更」「背景を変更」など便利な機能があるほか、そのなかの「設定」からはマイク・カメラの種類の変更なども行えます。

## ▶ Meetの各機能

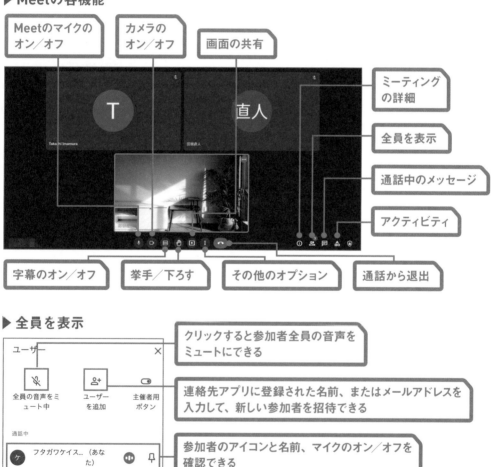

Meetのマイクのオン／オフ

カメラのオン／オフ

画面の共有

ミーティングの詳細

全員を表示

通話中のメッセージ

アクティビティ

字幕のオン／オフ

挙手／下ろす

その他のオプション

通話から退出

## ▶ 全員を表示

クリックすると参加者全員の音声をミュートにできる

連絡先アプリに登録された名前、またはメールアドレスを入力して、新しい参加者を招待できる

参加者のアイコンと名前、マイクのオン／オフを確認できる

ユーザー
全員の音声をミュート中
ユーザーを追加
主催者用ボタン
通話中
フタガワケイス…（あなた）

## ▶ 通話中のメッセージ

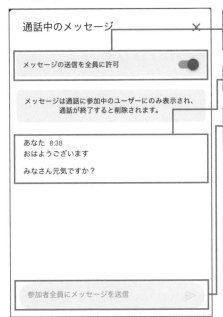

オンにすると参加者全員にメッセージの送信（チャット）を許可できる

投稿メッセージが時刻とともに表示される

メッセージを入力し Enter キーを押すと投稿できる

## ▶ 画面の共有

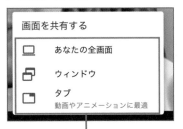

自分の端末の画面を、[全画面][ウィンドウ][タブ]の3種類から選択し、参加者に表示する。迷ったら[全画面]を選択しよう

## ▶ レイアウトを変更

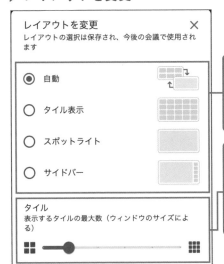

「その他のオプション」を選択するとレイアウトを変更できる。デフォルトでは[自動]が設定されているが、[タイル表示][スポットライト][サイドバー]に変更可能

[タイル表示]にした場合は、ポインタを右にスライドして最大49個まで参加者をタイル表示できる。Classroomのクラスミーティングをしている場合、この表示にすると児童・生徒全員の顔が見えて便利

休校時に慌てないよう、使い方に慣れましょう

# Lesson 18 ［アプリの活用例］
## 手書き、付箋、画像を貼れるホワイトボード　Jamboardの活用例

このレッスンの
ポイント

きっと多くの学校で、**Google Workspace for Education**を導入して初期段階で触れることの多いアプリがこの**Jamboard**です。手書き、付箋、画像を直感的に貼りつけられ、アイデア出しに優れたオンラインホワイトボードのよさを楽しみましょう。

---

## ➔ まさにオンラインホワイトボード

Jamboardは「フレーム」と呼ばれるホワイトボードに付箋や手書き文字を貼りつけられるアプリです。共同編集機能を使い、児童・生徒同士で考えやアイデアを出し合ったり、整理したりする学習に向いています。

付箋や手書き機能は直感的に行なえるため、キーボード入力に慣れていない低学年の児童・生徒でも抵抗なく使えます。また、図形や画像、動画の挿入も可能で、児童・生徒のアイデア出しのイメージも広げやすいです。

### ▶ Jamboardの各機能

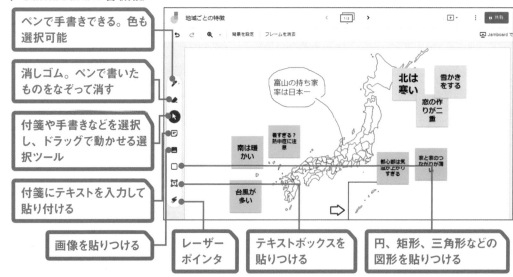

ペンで手書きできる。色も選択可能

消しゴム。ペンで書いたものをなぞって消す

付箋や手書きなどを選択し、ドラッグで動かせる選択ツール

付箋にテキストを入力して貼り付ける

画像を貼りつける

レーザーポインタ

テキストボックスを貼りつける

円、矩形、三角形などの図形を貼りつける

# → 共同編集と相性が抜群！ 班ごとにアイデアを出し合おう

JamboardはGoogle Workspace for Educationアプリのなかでも1、2を争うほど、共同編集機能に適したアプリです。例えば、全員で学級目標を考えたり、お楽しみ会でやりたいことを書き出す場合、共同編集で付箋を出し合うと、みんなの考えや動きがリアルタイムで見えて、非常に楽しいです。そのさい、[背景を設定] からフレームに画像を貼り込んでおく

と、イメージが湧きやすく、アイデアが出やすくなります。また、Lesson 32でも紹介しますが、共同編集のアイデア出しには、班ごとにフレームをコピーして行うとよいでしょう。誰がどこのフレームにいるかが一目瞭然なので、同じ班の仲間がきちんと同じフレームにいるかどうかを確認できます。

## ▶ フレームに背景を設定

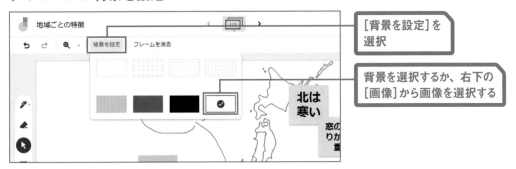

[背景を設定]を
選択

背景を選択するか、右下の
[画像]から画像を選択する

## ▶ フレームをコピーする

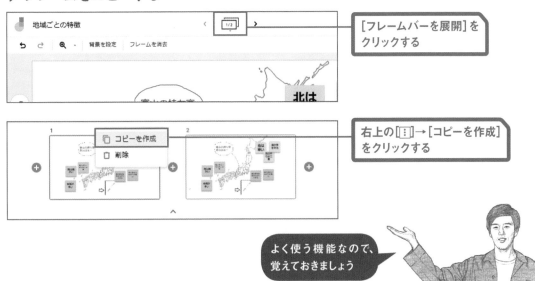

[フレームバーを展開]を
クリックする

右上の[[⋮]]→[コピーを作成]
をクリックする

よく使う機能なので、
覚えておきましょう

Chapter 2
アプリの基本的な使いかたを知ろう

# → アイデア次第で広がる！　さまざまな活用例

使い道は教師（あるいは児童・生徒）のアイデア次第で大きく広がります。一例ですが、筆者は下記のような使いかたをしています。

こうした使い方は、従来では短冊や紙の付箋、模造紙などを用意し、準備にたいへんな手間がかかっていました。Jamboardを使えば紙や印刷要らずで、同じことが実現できます。しかも、ホワイトボードは簡単にコピーできるので班の数が多くても手間がかかりません。どんな使い方をするにせよ、基本的にはホワイトボードを作ったら、共有リンクを作成して、Classroomから投稿するだけで共同編集を始められます。

## ▶ Jamboardの活用例

- ・社会科で日本の白地図を背景に設定し、地域ごとの特徴を書かせる
- ・社会科の教科書や資料をカメラで撮影して貼りつけ、資料をもとにアイデアを出し合う
- ・国語の説明文の構成（組み立て方）を考える
- ・国語の言葉の学習で、言葉を集めて分類する
- ・理科で植物の観察記録を1つのフレームをカードに見立てて書く
- ・ベン図やマトリクスなどのフレームワークに沿って考えを書かせる
- ・学習目標や行事のスローガンなどを決めるときに、みんなで意見を出し合う

授業でも使い勝手がよく校務やプライベートでも役立つアプリです！

# Chapter

# 3

# 校内コミュニケーションに活用しよう

オフラインであれオンラインであれ、何よりも大事なのが人との交流です。この章では、Google for Education をどのように校内コミュニケーションに活用できるのかをお伝えします。

# Lesson 19 [ICTコミュニケーション]
# Google for Educationでは まずはつながるツールとしての利活用を

**このレッスンの ポイント**

「教育現場でのICT利活用」というと、「授業でどのように使うの？」というような、学習のための道具としての話が多くなります。もちろんそれも大切ですが、私はまず、コミュニケーションの手段として使うことをオススメします。その理由について解説していきます。

## → まずはつながることから使ってみる！

みなさんがスマートフォンを見ているときに、多くの時間を費やしているのは何でしょうか。LINEやメッセージアプリ、TwitterやFacebookなどのSNSではないでしょうか。

なぜでしょうか。答えは簡単です。

人は誰かとつながりたいからです。

私たち大人が思っている以上に、子どもたちはネット上でつながることを大切なコミュニケーションの1つとして捉えています。下図は休校中にClassroomでクラスの子どもたちとやり取りした様子です。学校では口数の少ない子も、オンラインでは楽しそうに会話をしていました。ICTというと難しく考えがちですが、まずはコミュニケーションの手段として、「つながる」ことからはじめてみてはいかがでしょうか。

### ▶ 休校中のClassroom

クラスのコメント

教師が何も言わなくても、子どもたちはオンラインで積極的にコミュニケーションを取ります

# 休校時に改めて問われた学校の機能

下図は2020年4月の一斉休校時に、教育ファシリテーターの武田緑さんが自身のnoteに寄せたイラストです。緊急事態宣言で失われた「平時の学校」の機能を改めて振り返り、大きく3つに大別しています。学校は学びの場ではありますが、それだけではありません。休校中のClassroomを振り返ってみても、学校は同世代が集まるコミュニケーションの場でもあることを強く思い出させます。また、教師の立場からしても、平時の学校は子どもたち1人ひとりを見守るケアとセーフティネットの場でもあることは大いに頷けることでした。特に、休校時には図中の「2.コミュニケーション」や「3.ケアとセーフティネット」が希薄になりがちですが、この機能はリアルとはまったく同じとは言わないまでも、ICTで補完していくことは十分可能です。

大事なのは、緊急事態であれ平時であれ、またオンラインであれオフラインであれ、学校が担っているこれら3つの機能を、教師の側がきちんと自覚していることではないでしょうか。

## ▶ 平時の学校が担う3つの機能

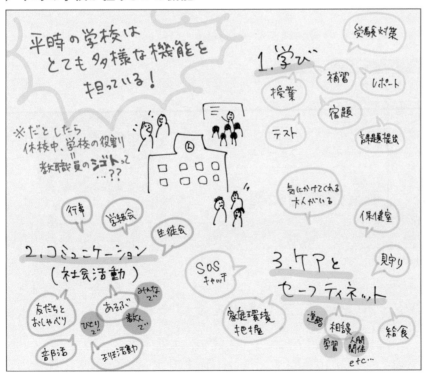

出典：武田緑「ここから時間を費やすべきは本当に"オンライン授業（ティーチング）"？休校中に学校や教師に担ってほしい《4つの役割》」(https://note.com/mido1022/n/n285e21a9575c) より引用

## → 公式IDでのコミュニケーションを学ぶチャンス

下図はコミュニケーションツールの違いによる振る舞い方をマトリクスにしたものです。

日常利用しているLINEなどは、右下の「プライベートでインフォーマル（非公式IDで普段着）」に当たります。また、私たちが管理職などにメールを送信するという状況は、左上の「パブリックでフォーマル（公式IDで正装）」です。

1人1台PC端末が配られると、右上の「パブリックでインフォーマル（公式IDで普段着）」の会話になります。つまり、学校の休み時間のような「不適切な表現を排した砕けた会話」をネット上で使っていくことになります。

オンライン上での会話は、これまでの公立学校の教育では、まったく行われてこなかったことです。

子ども同士でメッセージを送れる機能を使えなくしてしまえば、トラブルは少なくなるかもしれませんが、公式IDで有意義なやり取りをしたり、これを教育したりする機会を完全に失うことになります。

もちろん、本書Chapter 7で後述するような約束づくりは必要ですが、「友だちや先生とつながりたい！」という気持ちに寄り添うことは大事ではないでしょうか。つながるためのツールの、積極的な利活用を推進・整備していきたいと考えています。

### ▶ コミュニケーションツールの違いによる振る舞い

**公式 ID を利用したネット上での振る舞い方**

パブリック

| 公式IDで正装 | 公式IDで普段着 |
|---|---|
| 学校での公式な利用 | 学校での日常的な利用 |

フォーマル ◀――――――▶ インフォーマル

子どもの自然な利用

LINE　Messenger　TikTok

プライベート

1人1台端末になると右上に位置する会話が頻繁に行われるようになります

出典：豊福晋平先生「1人1台時代のICT活用とデジタル・シティズンシップ研修」プレゼン資料をもとに作成

## → つながるツールから、学習でも使えるツールに

「学習のためだけのツール」として端末を与えたら、子どもは自由に使うでしょうか。絶対に使わなくなります。しかし、つながるためのツールとしても使えると、端末の利用回数や利用頻度は確実に増え

ていきます。

その結果、ダブルクリックや画面のスクロール、プルダウンメニューから項目を選択するなどの基本的な操作を、子どもたちは自然とマスターしていきます。

# Lesson 20

## [ICTコミュニケーション]
## ビデオ通話を利用した校内コミュニケーション

このレッスンの
ポイント

Meetを使えば、Classroomからワンクリック・ワンタップで、クラス内のコミュニケーションが開始できるため、休校時には必須のアプリとなります。また、異学年を交えたさまざまな校内コミュニケーションにも活用できます。ここではその事例を紹介します。

## → 縦割りの校内コミュニケーションに役立つ

小学校の魅力の1つに縦割りの交流があります。代表的なものに、毎年6年生が新入生のお世話をする、縦割りの班活動を行う、総合的な学習の時間でまとめたものを下の学年に聞いてもらう、などがあります。それらの活動を通して、児童・生徒たちの他者意識が育まれたり、上級生としての自覚を持つようになったりしていきます。

しかし、新型コロナウイルスの影響で、なかなかリアルの集会や縦割り班などはできません。感染対策のため、異学年の交流なども制限されています。そこで役立つのがMeetです。学年の単位を越えて、縦割りのビデオ通話をするには、「カレンダー」アプリを使い、日時を決めてMeetのリンクを作成すればOKです。操作が難しいのであれば、教師がカレンダーからMeetを設定し、Classroomで共有すればよいでしょう。そのリンクを縦割り交流会の参加者に共有しましょう。まずはつながることが何よりですが、Meetがあれば手軽に実現できます。

## ▶ カレンダーからMeetのリンクを作成する

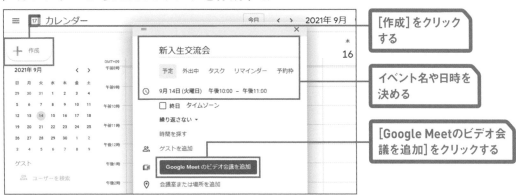

[作成]をクリックする

イベント名や日時を決める

[Google Meetのビデオ会議を追加]をクリックする

## ➜ 児童・生徒が全校に発表したり、オンライン行事の運営も

Meetの基本的な使い方さえわかっていれば、児童・生徒自身が主役となって、全校の教室に向けて発表したり、会を催したりもできます。例えば、委員会やクラブ活動の発表や、年度始めや年度末に行われる「1年生を迎える会」や「6年生を送る会」など

の行事を、児童・生徒のICT端末から発信できます。何らかの事態があって休校が続いたとしても、普段からMeetによるコミュニケーションに慣れていれば、児童・生徒同士のつながりも保つことができます。

## ➜ 他校との交流やゲストティーチャーの招待も！

Meetのビデオ会議を使えば、他校のゲストティーチャーを招き、遠隔地の教室同士をつなげることもできます。この場合も組織外とMeetのリンクを共有できる権限が許可されているかどうかによりますが、Lesson 01で紹介したような魅力的な共同学習を実現できる可能性があります。ゲストティーチャーを介して、児童・生徒同士が直接交流してもよい

ですし、チャット欄に質問やコメントを書いてもらい、それをゲストティーチャーに拾ってもらうなどしながら進めれば、より交流しやすくなります。他校との交流は児童・生徒が知らない世界を体験できるいいチャンスです。学習意欲も湧きますし、学びも深くなります。こうしたコミュニケーションのあり方もオンラインならではと言えます。

### ▶ Meetを使ったコミュニケーションでできること

・縦割りの異学年交流（委員会やクラブ活動、歓迎・お別れの行事）がオンラインでできる

・児童・生徒の発表を学校全体に流せる

・他校の教師や教室とオンラインで交流できる

# Lesson 21 ［ICTコミュニケーション］
## 不適切な表現を排した砕けた会話を。チャットを使ってつながろう

**このレッスンの
ポイント**

「チャット」アプリは、日々の連絡だけでなく、画像やファイルなどのデータも送れます。不適切な会話がなされるのではないか、トラブルのもとになるのではないかと不安になりがちですが、正しい使い方をマスターすれば、有効なコミュニケーションツールになります。

## → チャットルームでおしゃべり。だけど、言葉遣いには注意して！

「チャット」アプリでは、招待したメンバーで構成されたチャットルームを作ることができます。下図は、6年生が自分たちで作成した「たてわり班」（1〜6年生のメンバーで遊びなどの活動をする特別活動）のチャットルームです。もともと友だちとの連絡手段としてチャットを使っていった結果、6年生が自分た

ちで作成し、担当の教師も招待しました。児童・生徒たちは自発的に、「関係のないことは送らないようにしましょう」「明日は〇〇が1年生を迎えに行って！」などのやり取りをしています。自制が効いていて、ICTをうまく利活用している様子が伺えます。

### ▶ たてわり班のチャットルーム

関係ないこと以外は送らないようにしましょう！

子どもたちを信じ、任せることも大切なことではないでしょうか

NEXT PAGE →

## ● チャットルームの作り方

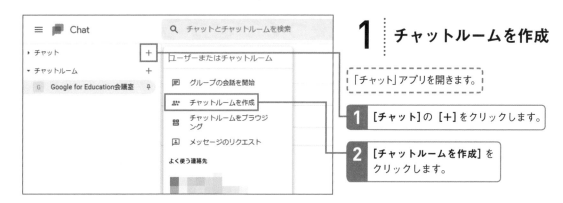

# 1 チャットルームを作成

「チャット」アプリを開きます。

**1** [チャット] の [＋] をクリックします。

**2** [チャットルームを作成] を
クリックします。

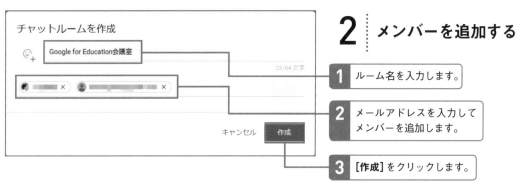

# 2 メンバーを追加する

**1** ルーム名を入力します。

**2** メールアドレスを入力して
メンバーを追加します。

**3** [作成] をクリックします。

---

## 👍 ワンポイント こんな雑談タイムがあってもいい

学校の休み時間のような「不適切な表現を排した砕けた会話」(Lesson 19) を心がけるように、児童・生徒と約束づくりを丁寧に行えば、どこにいてもオンライン上で会話を続けられます。学校でたくさん話しているのに、なぜチャットで話す必要があるのだろう……と思われるかもしれません。しかし、実際にチャットに書き込まれた会話を見ていると、普段は自分の言葉で表現するのが苦手な児童・生徒でも、オンライン上だと自分の言葉で表現できる子がいるのに気づきます。もちろん、普段から発言できることに越したことはないのでしょうが、そうした表現の場を児童・生徒に与えてあげることも、大切ではないでしょうか。

オンラインコミュニケーションでは
児童・生徒との約束づくりも重要に
なってきます

## ⊛ タスクを作成して業務改善

下の手順は、算数担当の専科教員から担任にテストの結果をチャットで送っているところです。担任に確認してもらい、授業の様子を書き込んでほしいので、タスクを割り当てています。タスクとは、日付と人を指定してお互いにTodoリストを共有することです。

タスクを割り当てると、お互いに「いつまでに〇〇をする」という予定を共有でき、終了すればチェックを入れて「完了」にできます。この例では、専科教員がテストを実施→担任が結果を確認、所見を記入→専科と共有というフローで、漏れがなくなり、やるべきことが確実に行われるようになりました。

## ● チャット内でタスクを使用する

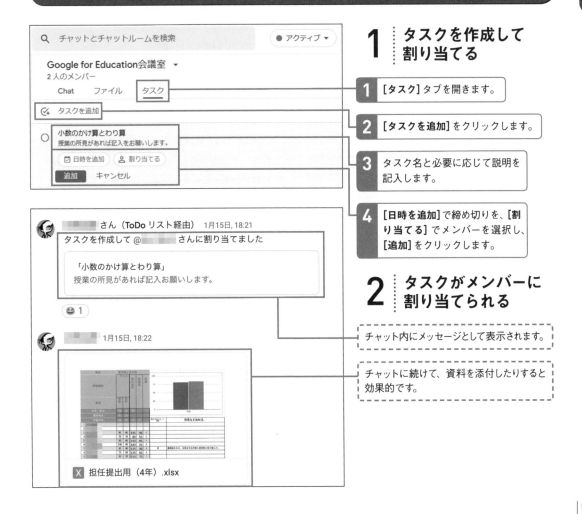

**1 タスクを作成して割り当てる**

**1** [タスク]タブを開きます。

**2** [タスクを追加]をクリックします。

**3** タスク名と必要に応じて説明を記入します。

**4** [日時を追加]で締め切りを、[割り当てる]でメンバーを選択し、[追加]をクリックします。

**2 タスクがメンバーに割り当てられる**

チャット内にメッセージとして表示されます。

チャットに続けて、資料を添付したりすると効果的です。

## Lesson 22 [ICTコミュニケーション]
# チャットとは異なる利便性がある Gmailを使ってつながろう

**このレッスンの ポイント**

学校現場でも公式の連絡は、チャットやLINEなどのメッセンジャーアプリではなく、Gmailを使いましょう。また、Gmailを使いこなせるようになれば、ファイルや情報を共有するスピードは速くなります。ここではその理由について解説します。

## ➡ 公式な連絡や保護者との連絡は必ずGmailで

今日では、LINEやFacebook Messengerなどのメッセージアプリで連絡を取ることが多いと思います。しかし、他校の教職員や保護者と連絡を取る場合は、Gmailを使うことをオススメします。

その理由は、ccやBccを使って関係者とメールを共有することにより、情報共有が円滑に進むからです。チャットは手軽にやり取りをできる反面、個人対個

人またはチャットルームで招待した人だけとしか情報を共有できません。

保護者との相談や移動教室の渉外などの連絡は、Gmailを使って管理職などの関係者にも情報共有すれば、やり取りも共有できるので、トラブル回避にもなります。これが一番のメリットです。

## ➡ Googleアプリのファイル共有通知は自動でGmailに届く

次ページの図はGoogle Workspace for Education導入の組織内で、スライドを他人と共有するときに表示される画面です(他のアプリもすべて同様)。このとき、必ず左上に[通知]というチェックボックスが現れます。これはつまり、「共有する相手にGmailで自動的に通知します」という意味です。[メッセージ]欄にメッセージを入力することもできます。特定の児童・生徒や他の教師とファイルを共有する場合、この方法が最も早く、簡単です。ファイルのリンクをコピーして、チャットやClassroomで共有す

ることもできますが、アプリを切り替えるぶんひと手間かかります。

メッセンジャーアプリに慣れている児童・生徒だと、Gmailなどのメールアプリに慣れていないことが多く、手軽に会話感覚で使えるチャットばかり使いたがる傾向にあります。Google Workspace for Educationアプリのファイル共有の仕組みだけ教え(Lesson 09)、Gmailでの通知をチェックできるようにすれば、情報共有のスピードは劇的に速くなります。

## ▶ ファイル共有するときに表示される[通知]欄

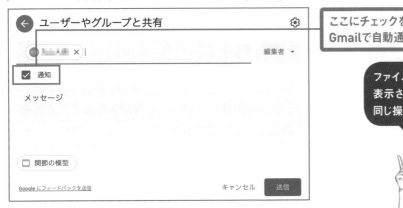

ここにチェックを入れると
Gmailで自動通知される

ファイル作成時、右上に
表示される[共有]からも
同じ操作が行なえます

# (→) 組織や所属などグループに対してメールを一斉送信する

「同じ内容のメールを多くの人に一括で送りたい！」
ということも、学校現場ではよくあります。その場
合は2つの方法があります。

1つめは「連絡先」アプリを使い、組織や所属ごと
にフォルダ分けするような感覚で、1人ひとりにラベ
ルをつける方法です。Gmailを作成するさいに、そ
のラベル名の頭文字を入力するだけで候補が表示
され、一斉にメール送信できます。

2つめはメーリングリストを使う方法です。Google
Workspace for Educationの管理者は、管理コンソ
ールから作成できます。組織や所属ごとにメーリン
グリストの専用メールアドレスを作成し、メンバー
を登録しておきます。そのアドレス宛に1つメールを
送信するだけで、登録されているすべてのメンバー
のアドレスに同じ内容のメールを一斉送信できます。

## ▶ ラベルをつけた相手に一斉送信

「連絡先」アプリで、各連絡
先ごとにラベルをつけてグル
ープ分けしておく

Gmailの[宛先]欄にラベルの一部
を入力すると、下に候補が表示され
る。候補を選択すると、ラベルの
グループ全員が宛先になる

## Lesson 23　[ICTコミュニケーション]
# 休校になったらこうする！オンライン学習の1日

このレッスンの
ポイント

2020年3〜5月のように、一斉休校という事態が起きたらどうするのか。それは誰しもが想定しておいたほうがよいことです。プリントを配ること以外、ほとんど何もできなかったあの日々を繰り返さないためにも、どのように休校を過ごすのかイメージしておきましょう。

## ➔ 休校時にまずすべきこと

もしも明日から休校になるとしたら、大きくできることは次のようなものがあります。この3つ（まずは 2つ）ができれば、毎日のオンライン授業やコミュニケーションはどうにかなります。

①毎日の Classroom での連絡
② Meet でつながる
③ Classroom での課題の配布（最初はできなくても大丈夫です！）

## ➔ 1日の流れに沿って「オンラインの日」を組み立ててみよう

### ▶ 前日の夜

Classroom で朝の会の開始時刻を予告します。例えば、「8 時半から Classroom の Meet で朝の会をします。Meet に集合してください」と指示をする投稿をしておきます。

### ▶ 8時半の前　準備

今日 1 日で取り組ませる学習の想定をし、「今日の予定」を投稿しておきます。ここで大切にしておきたいのが「教科書を使った学習も積極的にする」ということです。すべてオンラインで行わなければいけないということではなくて、全員が共通で持っている「教科書に取り組む」ということも立派な授業となります。普段の教室での授業の延長と考えてください。

## ▶ 8時半　朝の会

Meet を使い、オンラインで朝の会をします。大きくすることは2つです。

① 1人ずつ呼名して健康観察、②今日の流れの確認です。

①の呼名は、誰が来ていて誰が来ていないのかはもちろんのこと、児童・生徒1人ずつの心の状態がどのようにあるのかを確認する意味もあります。

②は今日オンラインで行う学習が、何時から何の学習を、何を使ってやるのかを見通してもらうために必要です。Classroom に投稿した内容を映しながら説明するとより丁寧です。

また、今日の課題の説明も投稿しておきます。

「1時間目は、算数○○ページの教科書の問題をやります」

「2時間目は、国語の漢字ドリルを進めます。今日の漢字は『感』と『想』です。終わったら、コメントをします」

というように学習について提示しておきます。

授業を構成するときに気をつけたいのが、45分で授業を構成しないことです。30分程度でもオンライン学習は十分行えますし、逆に45分間を連続で行ってしまうと、とても疲れます。時間的に余裕を持って進めていきましょう。

## ▶ Classroomに投稿したその日の予定

フタガワケイスケ

今日の予定です。

```
8:30~.        朝の会
8:50~9:20     1時間目  算数  たし算・引き算の筆算   ＜教科書・ノート＞
9:30~10:00    2時間目  国語  こまを楽しむ   ＜教科書・ノート＞
10:00~10:30   中休み

10:30~11:00.  3時間目  理科  こん虫のかんさつ   ＜教科書・ノート＞
11:10~11:40.  4時間目  図工  描画アプリを使います
12:15~12:45.  お昼ご飯
13:00~13:30.  5時間目  学活  係活動をします
13:30~15:00   自習タイム
15:00~.       帰りの会
```

こんな予定で過ごしていきます。
1日の学習を楽しみましょう。

今日の予定を投稿しておくと、オンラインでも何をするのか見通しがよくなります

### ▶ 時間割どおりに進める

予定を確認したら時間割どおりに始めましょう。とにかく最初は課題を少なくして、そしてたっぷり時間をかけながら取り組むことを大切にしていきましょう。まだ慣れないやり方ですから、トラブルも起こると思います。落ち着いて、徐々に慣れていくことを心がけましょう。

### ▶ 12時15分　昼食

お昼頃にまた Meet をつないで一緒にご飯を食べてもよいでしょう。いつもとは違う関わり方ができてよいです。雑談に花が咲くでしょう。黙食が続く給食ではできなかったことがオンラインではできます。

### ▶ 15時頃　帰りの会

そして 15 時頃、Meet をつないで帰りの会をしましょう。今日のチェックアウトです。その後、Classroom に振り返りの投稿をしてもらうと、その 1 日で児童・生徒たちが感じたことなどをフィードバックしてもらえるので、明日への改善につなげていけます。

① 毎日のClassroomでの連絡
② Meet でつながる
この2点に慣れることが大切です。
肩肘張りすぎずに、1日の学習を楽しみましょう

Chapter

# 4

# 学びが
# 豊かになる！
# 授業への
# 活用法

Google for Educationを授業
で活用するさいに、知ってお
いてほしい考え方、アプリの
使い方や組み合わせ方につい
て、実践例を挙げてお伝えし
ます。

# 使い慣れないうちは「いままでの授業に＋α」と考えよう

**このレッスンの
ポイント**

はじめは「いままでの授業に＋α」と、簡単に考えておきましょう。そのプラスアルファの代表が「共有」機能、そしてすべてのアプリにおける「視覚効果」です。この2点を押さえておくだけで、授業への取り組み方もだいぶ変わってきます。

## ⊙ 共有機能のよさ

Windowsであれ Macであれ、これまで共同編集するのが当たり前のアプリやサービスはありませんでした。それに対して、Google Workspace for Educationは、そもそもがクラウドサービスなので、ほぼすべてのアプリに「共有」機能がついています（Lesson 08、09）。この仕組みにより、児童・生徒が協力してオンライン上でリアルタイムに対話しながら、課題を「共同編集」したり、1つの作品を一緒に作ったりすることができるようになりました。

例えば下図は、授業に参加してもらったゲストへの質問を、Jamboardの付箋に書かせた様子です。リアルタイムの共同編集なので、誰がどんな質問をしているのかその場でわかるのは従来にはない学習体験です。また、自分の質問と友だちの質問が重ならないようにも配慮されているのも見逃せません。パソコン室で1人で作業し、印刷してから配布するという従来の学習よりも、ともに作る楽しさや対話を通した学びのメリットを感じます。

▶ **Jamboardを使ったゲストへの質問**

共同作業に＋α。ともに作る楽しさ対話の必然性が明確に

## → 視覚効果のよさ

子どもたちは、GoogleマップやGoogle Earthを初めて使うとき、必ず歓声をあげます。教科書では感じることのできない立体感や迫力を体験できるからです。Google Earthは、指定の場所に飛んでいけるような演出もあります。地球は丸く、どこの国や地域ともつながっていることがよく理解できるでしょう。

マップでは、ストリートビューを通して、その場にいるような臨場感を味わうことができます。また航空写真の3D表示で、ビルの高さまでがわかります。社会科の学習では、地域や都道府県、日本全体の学習をしていきますが、マップを使うだけで実感を伴った学習に結びつけることができます。

### ▶ マップの航空写真を3D表示で眺める

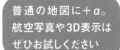

普通の地図に＋α。
航空写真や3D表示は
ぜひお試しください

## → 地球儀とはまた別の魅力があるGoogle Earth

従来であれば、地球儀を見ながら社会科の学習を行いますが、このアプリを使うだけで子どもたちは目を輝かせて学習してくれます。国名や都市名はもちろん、「東京スカイツリー」「自由の女神」のような

スポット名を入力するだけで、空を飛んでいるような映像を見ることができ、街並みや施設の形状、周辺の地形まで理解することができます。こうした学習ができるのは地球儀にはない魅力でしょう。

### ▶ 素晴らしい視覚効果

地球儀に＋α。圧倒的な
視覚効果が楽しいアプリ
です

# → 共有したくないときはどうするの？

ファイルを共有したくないときは、開けないように制限をかけることができます。Lesson 09で説明した「共有」機能または「リンクを取得」を実行するさいに、下図のように「制限付き」を選べば、作成者しか開けないようにできます。

また、他の人に見てもらいたいけれど、編集はしないでほしいというときは、「制限付き」を学校組織の

アカウント名に変更した上で、権限を「閲覧者」にしておけば、閲覧だけは可能にできます。

ただし、ふだん児童・生徒たちとファイル共有するときは、共同編集が可能なように、権限を「編集者」にしておきましょう。最初この作業でつまずく教師が多いので、まずこのやり方を、校内の教職員に広めることをオススメします。

## ▶ 教師だけが開けるように制限する

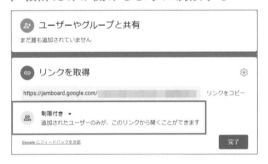

共有したくないときは「制限付き」を選びましょう

# → 途中からでも「閲覧者」や「制限付き」にすることができる

授業中は児童・生徒の権限を「編集者」にして共同編集し、授業が終わったら「制限付き」に変更して使えなくすることもできます。これはファイルが消えるのではなく、いつでも編集可能に戻すことができ

ます。授業外で好ましくない書き込みが行われていても、教師は把握することができません。共有するときは、「閲覧者」と「編集者」、「制限付き」を上手に使い分けることが大切です。

## ▶ 授業中と授業外で権限を使い分ける

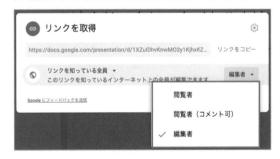

権限の変更は手元の端末からいつでも可能です

## Lesson 25

[考え方と実践事例]

# ググり方にも配慮を
# 調べ学習のポイントを把握しよう

このレッスンの
ポイント

1人1台端末の実現によって大きく変わるのは、わからないことをウェブ検索から瞬時に調べられることでしょう。情報がすぐ手に入る時代だからこそ、気をつけなければいけないこともたくさんあります。その周辺のコツや注意点について説明します。

## → 調べたくなる課題や環境を与えよう

なんでも検索すればよいのではありません。Googleで調べることを「ググる」と言いますが、ググってもそのまま写す（コピペする）だけになり、「先生、この漢字なんて読むの？」のオンパレードなんてこともあるでしょう。明確な課題意識を与え、それについて調べたい状態にしてから調べることが大切です。例えば、社会科でごみの学習について、スライドでまとめる学習を行うとしましょう。「ごみの学習で学んだことをまとめて、スライドで発表してね」と伝えると、児童・生徒たちは「ごみ」と検索し、出てきた言葉をひたすら写してスライドに貼りつけていきます。それでは、深い学びということはできません。児童・生徒1人ひとりが、ごみについてどのような課題意識があるのか明確にしてから、より具体的な

範囲で調べる練習をさせるべきです。

その児童・生徒が、毎日家の前に出されるごみがどこに運ばれるのか不思議に思っているとすれば、それを課題にします。調べる言葉は、「ごみ」ではなく、「自分の自治体、ごみのゆくえ」などが検索ワードになるでしょう。一般的な話ではなく、具体的で身近な課題に変わるだけで、日常生活の学びと結びつきます。

そういう思考になると、スライドの中身がよりよくなるだけでなく、発表の内容もよくなります。家に帰った後も、自分のChromebookやタブレットを見ながら、自宅のごみの捨て方などを家庭で話す子も出てきます。そうした学びから実生活の行動も変わってきます。

### ▶ 課題意識が変わると、調べ方も変わる

課題を自分ごとにできると
調べ方も変わります

## 主体的に考えることの重要性

下図は、日本財団の18歳の意識調査です。「自分を大人だと思う」「責任ある社会の一員」と考える18歳が約30〜40％と、他国の3分の1から半数近くにとどまっています。

この調査からわかることは、日本の高校生は、他国に比べて圧倒的に主体的に考える意識が低いということです。これは、私たちが行ってきた学校教育の責任だとも思うのです。自分で課題意識を持ち、それを自分で解決する。その体験を積み重ねるためにも、教師の側がしっかり意識していることは必須だと考えます。Google for Educationを上手に使いながらも、うまく課題意識を持たせるよう導いてあげてください。

▶「国や社会に対する意識」（9カ国調査）結果

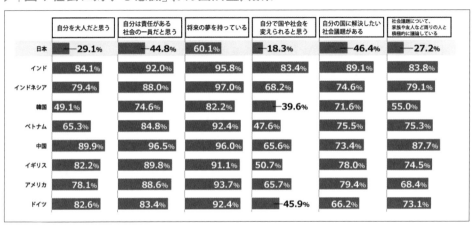

出典：日本財団「18歳意識調査」第20回 テーマ：「国や社会に対する意識」（9カ国調査）より引用して作図（https://www.nippon-foundation.or.jp/who/news/pr/2019/20191130-38555.html）

## 何がよくて何がいけないのかしっかり教えよう

児童・生徒たちが端末を使って調べものをするとき、何がよくて何が悪いかわかっていません。まずは次ページの一番上にまとめたように、端的にわかりやすく伝えましょう。

スライドなどで写真を用いる場合があると思いますが、教育の範囲で使用するものに関しては許可されるケースも多いです。「授業目的公衆送信補償金制度」について、教師が明らかにしなければなりません。

また、調べ学習をするさいには、引用元の出典を明らかにしなければなりません。

そもそも、授業目的であっても、勝手に文章や画像をコピペして、自分のスライドに貼ることは有償となり、一定の料金を自治体が払わなくてはならない決まりになっています。このような情報を教師も正しく理解し、児童・生徒に伝えていくことが重要です。

▶ まずは端的に、これだけは伝える

・そのまま文を写すことはいけない
・出典を明記する

▶ 参考:授業目的公衆送信補償金制度について

本書ですべてを説明することは不可能なので、詳細は授業目的公衆送信補償金等管理協会の
ホームページをご確認ください。

SARTRAS「授業目的公衆送信補償金等管理協会」
https://sartras.or.jp/
※QRコードを読み取ってアクセスできます

## → 違うことを調べている子には、すぐ叱らず「どうしたの?」の声かけを

社会科で水の学習をしているのに、まったく関係ない動画を見ている児童・生徒がいたとき、あなたはどうしますか？　多くの教師がすぐに怒ってしまうのではないでしょうか。端末を取り上げてしまう教師もよく見かけます。本当にそれでよいでしょうか。操作ミスで、関係ないページに飛んでしまったのかもしれません。教師には関係ないように見えただけで、本当は関係あることを調べていたかもしれません。操作に慣れていない児童・生徒です。そこは、「どうしたの?」と声をかけ、正しい調べ学習ができるように支援していきましょう。

▶ すぐに叱らず、まずは声がけを

すぐ叱る ✕　　何してるの!　動画

声がけする 〇　　どうしたの?　動画

GIGA スクール時代でも、こうした関係づくりはとても大事なはずです

# 26

[考え方と実践事例]

# 子どもたちが歓声をあげる
# Google Earthを授業で使おう

このレッスンの
ポイント

**Google Earth**は、いままで教科書や地図帳ではわからなかった地形や街並みなどが見られます。視覚効果に優れていて、実際にその場所に行ったかのような錯覚を得ることができます。このアプリを効果的に使うことで、どのような学びにつなげられるのかご紹介します。

## → まずは社会科の地域学習や地図学習で使ってみよう

自分の家や学校の住所、地名を入れるだけで、まるで宇宙から降りてきて、その場所に行っているような画像を見ることができます。初めて使った児童・生徒はいつも「おー！」と歓声をあげます。その後

夢中になって、さまざまな場所を自発的に調べるようになります。これは、通常の地図帳ではできない学習効果だと考えます。

▶ **Google Earth**で場所を検索する

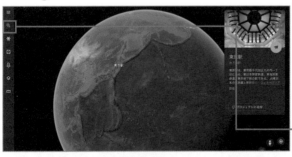

### 1 | 地名、スポット名で検索する

Google Earthを開くと、左のような画面が表示されます。

**1** 左上の［**検索**］をクリックし、キーワードを入れて Enter キーを押します。

キーワード（ここでは「東京駅」）に該当する写真と説明が右上に表示されます。

### 2 | 地名、スポットに移動する

**1** キーワードでヒットした地名、スポット名の該当地域に移動します。

# ➔ 行ったことのないところに行ってみよう！

Google Earthを使えば、世界中どこにでも行くことができます。先ほどもご紹介しましたが、空を飛んでいる感覚になるのがとてもよいです。世界の名所を巡ってみると、日本と外国の違いに気づくことができます。そのとき、右下に現れる人のマークをクリックすると、道路が青くなります。青くなったところに人を合わせると実際にその場所にいるかのような画像を見ることができます。これを「ストリートビュー」と言います。コロナ禍ではなかなか海外旅行はできませんが、これらの機能を使って、世界中を旅した気分になれます。さまざまな場所をどんどん調べて、気づいたことを発表させ合いましょう。

## ▶ ストリートビューで現地に行った気分を味わう

## 1 ｜ ストリートビューに切り替える

Google Earthで地名やスポット名で検索し、見たい場所を表示しておきます。

**1** 人形のアイコンをクリックします。

**2** 青い線（道路）か、青い丸（観光客などが撮影した場所）に向かって人形をドラッグします。

## 2 ｜ 地上からの眺めを楽しむ

**1** 選択した場所でストリートビューに切り替わります。

**2** もう一度アイコンをクリックすると元に戻ります。

行ってみたい場所をどんどん調べて、気づいたことを発表させ合いましょう！

# → Voyagerでいまの地球の課題について考えよう

Voyagerは、Google Earthを使って作られたプロの映像が見られるサービスです。普段は見られないアングルで、「世界の海」「アメリカの国立公園」といった色彩豊かな映像を見ることができます。いまの地球の環境問題について考えさせるようなものも多いです。「Google Earthタイムラプス」という映像もあり、時代ごとの地球や地形の変化が手に取るように視聴できるコンテンツもあります。高学年の社会科では、ぜひ使ってみてください。この映像を全員で見て話し合うことで、教科書では知り得ない生きた教材として学びを深めることができます。オススメです。私は夏休みの課題にしましたが、好評でした。

## ▶ Voyagerを視聴し、学びを深める

**1** 左のメニューから [**Voyager**] をクリックします。

**2** 見たい映像コンテンツを選択します。

## 2 | 生きた教材として学びを深める

実際に「ヒートアイランドTOKYO　熱波を冷ませ」(Nikkei) という映像を見ている児童の様子。

夏休みなど長期休暇中の課題としてもオススメできます

# → プロジェクトで学びの地図を作ろう！

「プロジェクト」という機能を使うと、オリジナルの地図やストーリーを作ることができます。自分が登録した地点に写真やコメントを入れたり、地点から地点を行き来したりするような映像を簡単に作ることができます。

私は東京でないところで話させていただくときに、このプロジェクトを使い、いまいる場所から自分の学校に飛んでいくような映像を流すことで、イベント開始時の自己紹介を行っています。

## ▶ 例えば、自分が住んでいる地域の紹介映像を作る

### 1 プロジェクトを作成する

**1** 左のメニューから［プロジェクト］をクリックします。

**2** ［作成▼］→ ［Googleドライブでプロジェクトを作成する］をクリックします。

> これ以降、プロジェクトは自動保存されます。

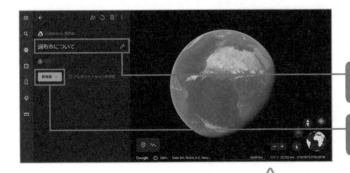

### 2 タイトルや説明を入力する

**1** プロジェクト名を入力し、必要に応じて説明も入力しておきます。

**2** ［新機能▼］をクリックし、［検索して場所を追加］を選択します。

## Point 「新機能」から選択できる3つの項目

［検索して場所を追加］は地名、スポット名などのキーワード検索から場所を探す方法です。［目印を追加］は、地図で表示した場所をクリックして目印をつけ、自分だけの場所として保存しておける機能です。［ラインやシェイプを描画］は地図上にラインを引く機能で、そこもプロジェクトの場所として登録できます。

## 3 場所をプロジェクトに保存する

**1** 検索すると場所が表示されるので、[プロジェクトに追加]をクリックします。

**2** [保存]をクリックします。

同じ要領で、プロジェクトに場所を複数追加してみましょう。

## 4 地図にない場所を追加する

**1** 地図上で場所を表示しておきます。

**2** 手順2の[新機能▼]→[目印を追加]を選択し、目印をつけたい場所をクリックします。

**3** 目印のタイトルを入力します。[場所を編集]をクリックすると、写真や説明の追加ができます。

---

## Point 地図上にユーザーの写真を表示する

[≡]をクリックして、左のメニューを展開し、[写真]のスイッチをオンにします。これで、手順3、4のように、地図上に円型の写真が表示されるようになります。これらはGoogleアカウントを持つユーザーが投稿した現地の写真です。

どんな場所なのか、写真からも眺められます

# Lesson 27
[考え方と実践事例]

## 課題把握、授業のフィードバックなど Formsで変わるアンケート

このレッスンの
ポイント

Formsを使えば、いままで紙に印刷して配って回収し、そのあとパソコンに打ち込むという作業をしていたアンケートが、瞬時に回収して結果が即見えるようになります。このアプリを使いこなすだけで、仕事が半減すると言っても過言ではありません。

### → まだ、紙で学校アンケートを取っていませんか？

学校といえば、行事や授業参観のときに保護者アンケートを取りますよね。まだ紙でアンケートをとっていないでしょうか。一部の学校では、紙の文字をパソコンに打ち直す作業も教師が行っているようです。

Formsを使えば、文字を打ち直す必要はなく、アンケート作成から送付、回収、集計までをインターネットを介して行うことができます。保護者も教員も楽できるとても便利なアプリです。

### ▶ Formsで作成した保護者アンケート

#### 保護者アンケート

このたびは、授業参観にご参加いただきありがとうございました。

皆様からのフィードバックをもとに、今後も各種行事のよいよいを改善してまいりたいと考えております。つきましては、こちらの簡単なアンケートにご記入のうえ、ご意見・ご感想をお聞かせくださいますようお願いいたします（回答は匿名で集計されます）。

*必須

クラスの指導内容についての満足度はいかがでしたか？ *

|  | 1 | 2 | 3 | 4 | 5 |  |
|---|---|---|---|---|---|---|
| まったく満足しなかった | ○ | ○ | ○ | ○ | ○ | 非常に満足した |

「満足しなかった」「まったく満足しなかった」と回答された方は、その理由をお書きください。

回答を入力

#### Ⓟ POINT
保護者など外部にアンケートを送信するさいは、メールアドレスの入力ミスに十分注意してください。なお、学校組織の設定によっては、外部にメールを送信できない場合もあります。

アンケートの作成方法はLesson 16も参考にしてください

## 難しいと感じたら、テンプレートを活用しよう

前ページで紹介した保護者向けのアンケートは、Formsにあらかじめ用意されている「テンプレート」を書き換えて作成しました。項目数の多い充実したアンケートをイチから作るのは大変ですが、テンプレートを活用すれば、文言を書き換えたり、不要なものを削除するだけで、十分なアンケートを作成できます。難しいと感じたら、ぜひお試しください。

クリックすると、[イベント参加者アンケート][受講者アンケート]などのテンプレートが表示される。小テスト向けのも　のも利用可能

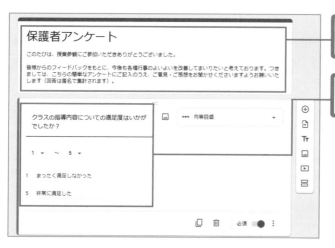

タイトルや説明を書き換えて独自のアンケートにアレンジする

質問も同じように書き換えて作成する

最初はこうして作ると楽ですよ

## 授業の導入、フィードバックにも活用できる

私は、Formsに感想を書かせてから授業を終わるという流れを作っています。授業で学んだことを常に振り返ることはとても大切です。いままではノートに書いて提出ということもできましたが、オンラインでできることがこのFormsのよさです。

スライドやJamboardなどでも同じことはできますが、Formsのよさは、担任だけがその振り返りを見られるようにできることです。学習の内容によって使い分けることが大切です。自分の端末に振り返りが蓄積され、いつでも見られることも魅力です。

## → 瞬時に出る棒グラフや円グラフで、クラスの実態がわかる

Formsの回答方法に「ラジオボタン」という項目が
あります。複数の選択肢のなかから、1つだけを選
ぶ回答方法です。たとえば、ある質問に対して、「と
ても思う」「まあまあ思う」「あまり思わない」「まった
く思わない」の4択からアンケートを実施し、児童・
生徒が日々感じていることの実態調査を行うときな
どに便利です。アンケートはリアルタイムで集計され、
自動的にグラフ化されます。これを小プロジェクタ

ーなどで黒板に表示しておくと、集計中リアルタイ
ムで円グラフのパーセンテージが変わっていって見
た目にも面白いです。例えば、下図では「健康なか
らだになるために」という習慣に関するアンケートで
す。児童・生徒がFormsから回答すると、リアルタ
イムで集計→グラフ化されていきます。この集計の
様子が楽しくて、アンケートにも自発的に答えるよ
うになります。

### ▶ 自動集計の様子をプロジェクターで

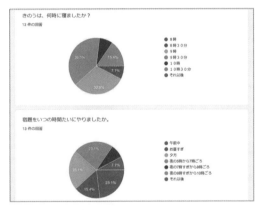

Formsで作成したアンケートを
Classroomで送信し、その場で
回答してもらうと、リアルタイムで
集計→グラフ化される

友だちがどう考え、感じ
ているのかも、視覚的に
把握しやすい

# 採点時間はゼロ！
# デジタルテストの実現

**このレッスンの
ポイント**

Formsではテストを行うことができます。アンケートと同様、自動集計なので瞬時に結果が出て、丸つけを行う必要がありません。中学校や高校の期末テストの丸つけは数百人になるかと思います。Formsを使うだけで何十時間もの時間を生むことができます。

## ラジオボタンを上手に使って、選択式テストを作ろう

前レッスンでも取り上げたFormのラジオボタン機能。複数の解答例から1つを選択する機能ですが、質問を問題に変えることにより、マークシートのようなテストを作成できます。児童・生徒にとっても、選択して答えるだけなので、取り組みやすいです。ア

ンケートと同じように、その場ですぐ正解・不正解を判断して、得点を自動集計してくれるのもよいところです。私は単元の最後の復習などに使っています。以下の例は、小数の計算問題です。選択式テストの作り方としてご参考にしてみてください。

### ▶ 選択式テストの作り方

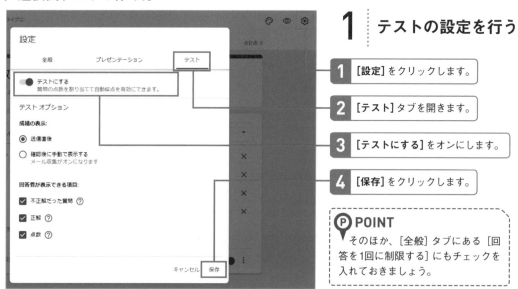

## 1 テストの設定を行う

**1** [設定]をクリックします。

**2** [テスト]タブを開きます。

**3** [テストにする]をオンにします。

**4** [保存]をクリックします。

**⊙ POINT**
そのほか、[全般]タブにある［回答を1回に制限する]にもチェックを入れておきましょう。

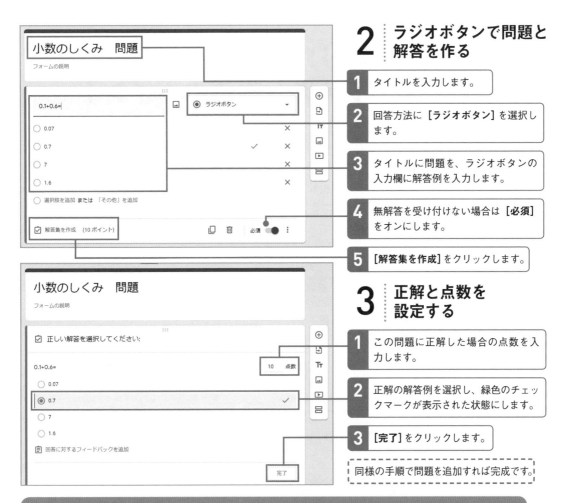

## 2 ラジオボタンで問題と解答を作る

**1** タイトルを入力します。

**2** 回答方法に [ラジオボタン] を選択します。

**3** タイトルに問題を、ラジオボタンの入力欄に解答例を入力します。

**4** 無解答を受け付けない場合は [必須] をオンにします。

**5** [解答集を作成] をクリックします。

## 3 正解と点数を設定する

**1** この問題に正解した場合の点数を入力します。

**2** 正解の解答例を選択し、緑色のチェックマークが表示された状態にします。

**3** [完了] をクリックします。

同様の手順で問題を追加すれば完成です。

---

### 👆 ワンポイント 「テスト」設定は基本的にデフォルトでOK

手順1の画面で「成績の表示」欄の [確認後に手動で表示する] を選択すると、回答を送信後にテスト結果が児童・生徒には表示されず、教師のみがいったん確認できるようになります。その場合、テスト結果は別途 [回答] 欄の [スコアの通知] を手動で押すことで、メールで通知されます。ですが、この方法は児童・生徒がメールを使用できる学校に限られることと、テスト返却に一手間かかります。

また、同じ設定画面の「回答者が表示できる項目」の [不正解だった質問] や [正解] のチェックもデフォルトのままで、外さないでおくのがよいと思います。このチェックを外すと、回答を送信した後、児童・生徒にとって正解・不正解が見られないためです。もちろん、テストの種類や指導方針にもよります。時と場合によって使い分けられるように、基本はデフォルト設定で使いながら、時折別のやり方も試してみるとよいでしょう。

# 29
# もっと知りたい！<br>デジタルテスト実施のポイント

**このレッスンの<br>ポイント**

デジタルテストのよさは教師と児童・生徒とのフィードバックが素早く行える点。そして、そこから生み出された時間を使って、さらに学びを深められる可能性が広がるところにあります。ポイントは教師、児童・生徒とのコミュニケーションにあります。

## ➡ 子どもたちに予想問題を作らせてみよう！

前レッスンで紹介したラジオボタンによる選択テストの作成は、非常に簡単だったと思います。ということは、Formsの基本さえ説明しておけば、児童・生徒たちだって問題を作ることができるのです。

教師が問題を作るのもよいですが、児童・生徒が問題を作ると、作ったほうにとっても、それに答える子にとっても、相乗効果で学びが深くなります。

Formsの使い方を知ると、子どもたちは勝手に問題を作成していきます。ラジオボタンの選択式問題なら簡単ですし、クイズにしたら楽しいですよね。

自分たちで作った問題をClassroomから投稿して、クラスの友だち同士で解いていくのです。Formsを使えば、児童・生徒が勝手に学び出すサイクルが作れます。

## ➡ 間違えたら正答が出るようにしておくほうが、学習意欲が湧く

選択テストの設定をデフォルトのままにしておくと、回答を送信した後に、児童・生徒たちがすぐに正解、不正解、点数を確認することができます。

丸つけや返却が一切不要になり、スピーディにフィードバックできるのは、教師だけではなく、児童・生徒にとっても有意義です。むしろ、テストの結果がすぐわかるようにしておくことで、児童・生徒が自発的に問題を作る動機づけにもなります。

私は2020年に6年生を担任しましたが、Formsを使いこなしていた児童・生徒は、自分たちで問題を作

り合い、6年間の総復習をしていました。教師がやることは、教師も一緒に問題を解き、答えが合っているか確認すること。楽しみながら、学力が向上しているのが手に取るようにわかりました。

教え合う学習効果は高いです

## ▶ Formsならすぐに正答、点数が得られる

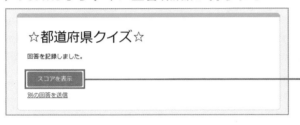

デフォルトの設定では、回答を送信
した後、左のような画面になる。[ス
コアを表示] をクリックしてみよう

[スコアを表示] をクリックすると、
すぐに正答や得点を確認できる

テストが返ってくるのを
待つ時間がないのは
児童・生徒にとっても
有意義なことです

Chapter 4

学びが豊かになる！　授業への活用法

## 👍 ワンポイント Formsの画期的なところ

従来のテストは、紙で問題を作り、クラス人数分のコピーを配布して回収、そして採点をして返却するという流れで行います。このプロセスは数日、下手をしたら数週間かかってしまうこともあり、それだけ手間のかかるものでした。これは教師にとってだけでなく、児童・生徒にとっても負担です。数日経って返却されたテストには、丸とバツがついているだけ。教師の解説をもとに、答えを写す作業をすることもありますが、このテスト直し自体あまり実になって

いるとはいい難いのではないでしょうか。
それに対してFormsを使えば、上記の一連のプロセスがスピーディに行えます。回答したあとに、すぐに正答がわかるところは画期的です。答え合わせという双方の負担を軽減し、より有意義に時間を使うことができるからです。今後、テストの多くはこのような形に変わっていくのではないでしょうか。

## → 正解、不正解にフィードバックをつけるのも有意義

テストの解答集を作成するとき、[回答に対するフィードバックを追加] をクリックすると、正解・不正解のときに表示する、教師からのフィードバックを設定しておくことができるようになります。正解の ときには意欲が上がるようなコメントを、不正解のときにはヒントを与えるなど、フィードバックを工夫することで、児童・生徒の意欲も上がります。

### ▶ フィードバックのつけ方

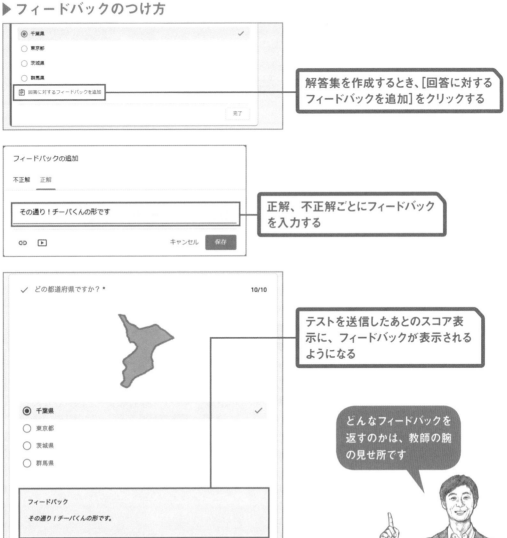

解答集を作成するとき、[回答に対するフィードバックを追加] をクリックする

正解、不正解ごとにフィードバックを入力する

テストを送信したあとのスコア表示に、フィードバックが表示されるようになる

どんなフィードバックを返すのかは、教師の腕の見せ所です

## Lesson 30 ［考え方と実践事例］ より高度な使い方！ デジタルテストを本格的に実施する

**このレッスンの ポイント**

Formsを使えばマークシート式テストと同じものが簡単に作れます。つまり、きちんと使い方や環境さえ整備すれば、本格的なテストの実施も可能なのです。筆者もすべてを実践しているわけではないのですが、ご紹介として知っておくべき機能についてご紹介します。

### ➡ 回答送信後のフィードバックを個別に行う

前ページで紹介したフィードバックは、すべての回答者に対して一律に同じ文言を表示する機能ですが、Formsでは児童・生徒1人ひとりに対して個別にフィードバックすることも可能です。ただし、この機能は学校組織で児童・生徒にメールの使用を許可している場合に限ります。また、個別対応は教師の負担が大きいため、小学校ではそこまで必要性は

高くなく、私自身実践しているわけではありません（一般的には、Lesson 33で解説する「課題提出」を利用します）。特に有効と想定されるのは、中学校の定期試験や休校時のフィードバックでしょう。以下に簡単な使い方を紹介しますので、本格的なデジタルテストを検討されている方は、一度試してみてはいかがでしょうか。

▶ 個別のフィードバック

小数のしくみ　問題　　　　　　　合計点 5/5 点

メールアドレス *

✓ 0.1+0.6= *　　　　　　　　　　　　5/5

○ 0.07
◉ 0.7　　　　　　　　　　　　　　　　✓
○ 7
○ 1.6

回答別のフィードバック
よく勉強しましたね。みんなにもクイズを作って教えてあげてね。楽しんで学んでいきましょう

> 児童・生徒の回答に個別のフィードバックをつけたもの

> 児童・生徒1人ずつにきめ細かいフォローができるようになります

# ● 個別のフィードバックができように設定する

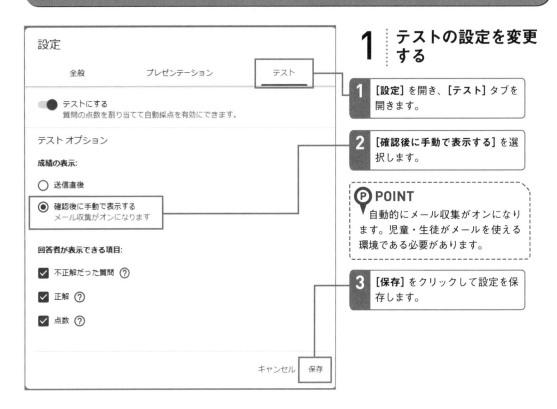

## 1 テストの設定を変更する

**1** [設定] を開き、[テスト] タブを開きます。

**2** [確認後に手動で表示する] を選択します。

### ℗ POINT
自動的にメール収集がオンになります。児童・生徒がメールを使える環境である必要があります。

**3** [保存] をクリックして設定を保存します。

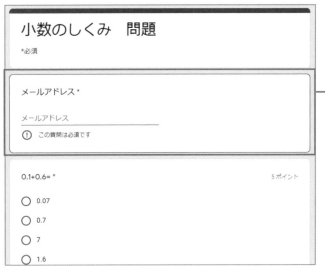

## 2 設定を確認しよう

テスト作成画面に戻ると、一番上の欄にメールアドレスの入力欄が表示されるようになります。

つまりテストの返却は、児童・生徒にメールで行うことになります

# ● テストに個別にフィードバックをする

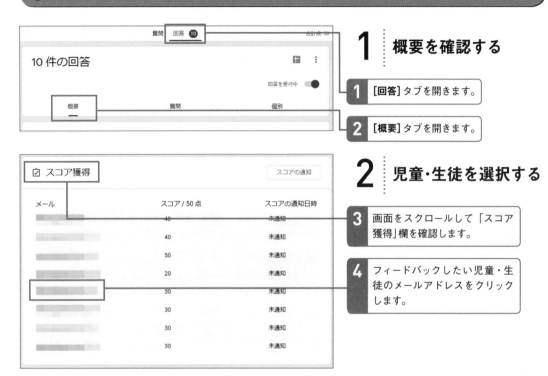

## 1 概要を確認する

**1** [回答]タブを開きます。

**2** [概要]タブを開きます。

## 2 児童・生徒を選択する

**3** 画面をスクロールして「スコア獲得」欄を確認します。

**4** フィードバックしたい児童・生徒のメールアドレスをクリックします。

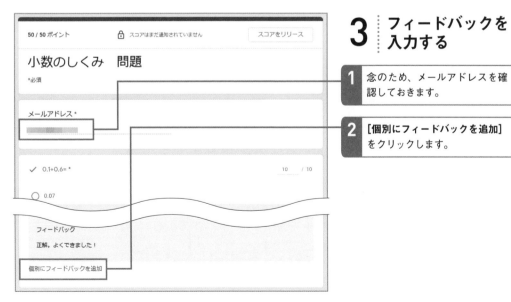

## 3 フィードバックを入力する

**1** 念のため、メールアドレスを確認しておきます。

**2** [個別にフィードバックを追加]をクリックします。

Chapter 4

学びが豊かになる！　授業への活用法

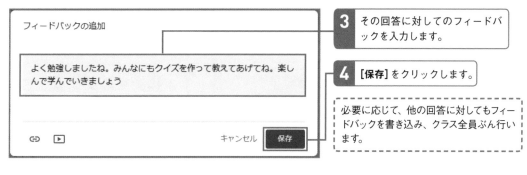

**3** その回答に対してのフィードバックを入力します。

**4** [保存]をクリックします。

必要に応じて、他の回答に対してもフィードバックを書き込み、クラス全員ぶん行います。

## 4 スコアを通知する

**1** 手順2の画面に戻り、[スコアの通知]をクリックします。

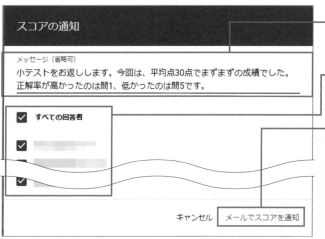

**2** メールに表示されるメッセージを入力します。

**3** 通知を送信する児童・生徒のメールアドレスにチェックを入れます。

**4** [メールでスコアを通知]をクリックします。

**(P) POINT**
上記のように一斉送信した場合でも、手順3で入力した個別のフィードバックが各々の児童・生徒に届きます。

# Point 分析情報をフィードバックに役立てよう

手順1の概要欄には、平均点や中央値、正解率など、テストの分析結果が表示されます。スコアを通知するさいには、この分析結果をもとにメッセージを伝えると、具体的な課題が見えやすくなります。

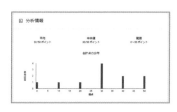

# ロックモードでオフラインでのデジタルテストを実施する

「ロックモード」を活用して、Formsを中間テストや期末テストで使うこともできます。この機能はGoogle Workspace for Educationのアカウントと学校管理のChromebookを持つ教育機関で実施できます。

ロックモードをオンにすると、テスト中はFormsの画面しか表示されません。他のアプリが使えず、一部の機能拡張とキーボードショートカットも無効になります。また、児童・生徒がテストを終了するか、別のタブを開くと教師に通知メールが届くため、管理がしやすいです。テストが終わったら、オンラインに切り替えてロックモードを終了し、回答を集計することで、ペーパーレスのまま、従来と同じようにテストを行うことができます。

## ▶ ロックモードによるデジタルテストの実施

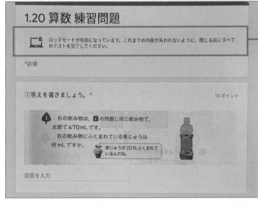

ロックモード中であることを示す説明文

本格的にデジタルテストを実施するなら、この機能は必須です

---

## 👍 ワンポイント デジタルテストに慣れることが大事

PISA（OECD加盟国で実施される国際的な学力到達テスト）の調査を日本は重んじる傾向にありますが、そのテストもペーパーレスになってきています。PISAのテストで日本が何位かを争う前に、そもそものテストのやり方でつまずいていれば、結果は下がるに決まっています。ランキングも学力を測る1つの目安にはなるのでしょうが、時代や世の中の変化をキャッチアップしていく柔軟性も大切なのではないでしょうか。デジタルテストに慣れていくことは、これからの時代を生きるためにも必要な力だと考えています。

Lesson

# 31

[考え方と実践事例]

# 課題解決型学習（PBL）に
# スプレッドシートを活用する

このレッスンの
ポイント

児童・生徒が自ら課題を発見し、そのための解決方法を自ら行う学習方法を、PBL（Project Based Learning＝課題解決型学習）と呼びます。PBLにはグループで意見を書き込みやすいスプレッドシートが有効です。

## 何をすべきかハッキリわかるので課題に集中できる

写真は6年生がスプレッドシートで算数の問題作りをしているところです。罫線があるので、どこに何を誰が書き込むのか、一目でわかるところが最大のメリットです。ドキュメントやスライドでの共同編集では、実際どこに何を書いてよいのかわからず、人の書いたものを消してしまう……なんてことも起こりやすいのです。

スプレッドシートであらかじめ罫線を引き、何をする場所なのかを示しておけば、いまやっていることだけに集中できます。PBLを実践するなら、まずはスプレッドシートを活用して、余計な作業で時間を使わないようにするのがコツです。

▶ スプレッドシートで算数の問題作り

いまに集中する。
PBLのはじめの一歩は
この状態を作ることです

# ⊙→ 学芸会のシナリオをスプレッドシートの共同編集で作る

下図は学芸会のシナリオを協同で作成したものです。教師が書き込みを確認しながら、「Aさんが面白いことを書いているよ！」などと声をかけると、それを参考にしながら、自分の考えを書き込む児童・生徒もいました。

スプレッドシートには、コメント機能もあるため、お互いの意見や感想を書き込むように促してもよいでしょう。コメントを入力することで、いまの課題が何であるのか明確にすることができますし、他人から反応を得られることで、考えも深まります。

コメント機能によって、さらに深いレベルで課題の発見と解決へと導くこともできるでしょう。

## ▶ 学芸会のシナリオ作成

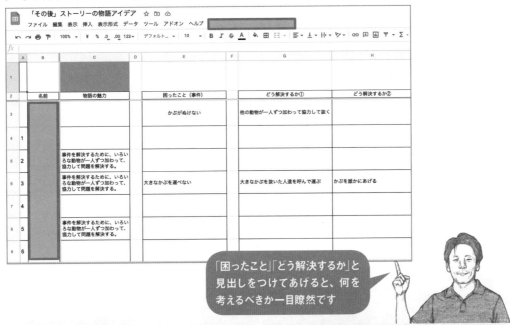

「困ったこと」「どう解決するか」と見出しをつけてあげると、何を考えるべきか一目瞭然です

## 👍 ワンポイント コメント機能の使い方

Educationアプリのほとんどでコメント機能が利用できます。使い方は、共同編集中のファイルを開き、コメントをつけたい場所を右クリックして［コメント］を選択すればOKです。他の人がコメントがついた場所をクリックすると、返信することもできます。

# 32 [考え方と実践事例]
# Jamboardをフル活用して
# クラス全員で考えを共有する

**このレッスンの
ポイント**

Jamboardは簡単に言うと、クラウド上でクラス全員が使えるオンラインホワイトボードです。いままで行っていた一問一答の一斉授業から抜け出し、協同学習を行うためにも、必要不可欠なアプリだと考えています。機能は豊富ですが、はじめは付箋機能のみで構いません。

## → 付箋機能を用いたみんなでシェアする振り返り

Jamboardにはさまざまな機能がありますが、授業で最も使えるのが付箋機能です。いままでの授業では、ある問いに対して自分の考えを瞬時に表明するのは発言しかありませんでした。
Jamboardのフレームを共有すれば、クラス全員の考えを付箋に貼りつけてもらうことで、瞬時に提示することができます。いろいろな児童・生徒の考え

を一挙に拾うことができて便利です（基本的な使い方はLesson 18を参照）。
下図は「資源ごみはどこにいくのだろう？」という問いを与えて、それに対して班ごとに、児童・生徒1人ずつの考えを1枚のフレームに貼りつけたものです。その後、このフレームをプロジェクターなどに映し、班で発表しました。

### ▶ Jamboardの付箋機能

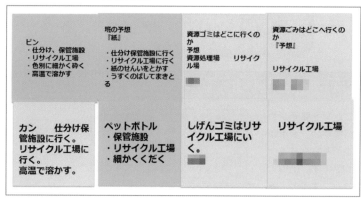

1人の発言で終わるのではなく、全員の発言が瞬時に表示され一望できます

## → 写真をつけると、児童・生徒の考えが出やすくなる

付箋を使って児童・生徒の意見を集めるとき、フレームの中央に写真を貼りつけておくとイメージが湧き、考えが出やすくなります。下図は「モンシロチョウが集まりやすい花」というお題に対して、クラスの友だちが書いた文章を貼りつけたものです。文

章を読んですぐに感想を寄せられるのもよいですが、何より感想をもらう子どもも嬉しそうだったのが印象的でした。また、もう1枚の図はごみの学習で思うことを書いてもらったケースです。

Chapter 4 学びが豊かになる！ 授業への活用法

### ▶ 写真に対するコメントを集めてみよう

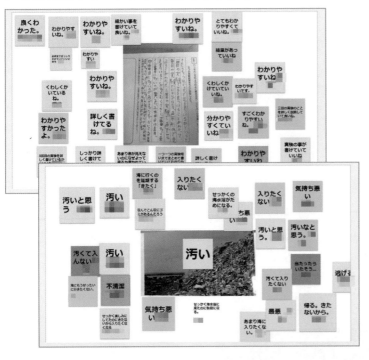

どんな写真が効果的なのか、いろいろ試してみましょう

---

## 👍 ワンポイント　フレームは班ごとに分け、最大でも4〜5人にする

Jamboardは共同編集機能を使い、クラス全員で編集することができます。しかし、あまりにも大勢で1つのフレームを編集すると、間違って消してしまったり、いたずら書きなどが発生したりします。トラブルの元になるので、

Jamboardを使わない教師もよく見かけます。そんなときは、1フレームを最大でも4〜5人で使用すると決めておけばよいでしょう。例えば、本学級では、「1班は1枚目のフレーム」「2班は2枚目」と班ごとに決めています。

## ➡ 背景を課題の絵にすれば、クラス全員で学び合える

教科書の図をChromebookやタブレットのカメラで撮影しておき、それをJamboardの背景に設定します。例えば水がどのようにして家庭に届くのかの図を背景に貼りつけておき、そこから気づいたことを付箋に貼らせることもできます。

### ▶ 背景に教科書の図を貼りつける

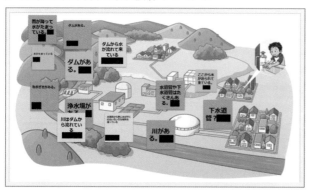

どんな図が効果的なのか、いろいろ試してみましょう

## ➡ 班で分類・整理することで、素早く発表まで行える

フレームは班ごとに1枚ずつ使ったほうがよいので、8班であればフレームを8枚に分けています。フレーム1には1班が、フレーム8には8班が書くという決まりです。すべての班で、同じ図や写真を背景にする場合は、1枚ずつ貼りつけなくても、フレームをコピーすれば簡単です。同じテーマで班ごとに意見をまとめさせて発表するのもよいですね。

### ▶ 班ごとにフレームをコピーして用意

背景の設定やコピー方法はLesson 18をご参考に

Chapter 4　学びが豊かになる！　授業への活用法

## ➔ 慣れてきたら、付箋以外の機能も使ってみよう

Jamboardのペン機能を使って、紙と鉛筆で行っている学級遊びをやってみると楽しいです。例えば、「絵しりとり」は取り組みやすいでしょう。制限時間を設けて描いていき、最後に見せ合うのもよいです。また、ランダムに決めた2人組で、テーマを決めて

お絵描きをするのも盛り上がります。最後に誰と描いていたのかを発表すると、歓声があがり、「またやりたい」と言われます。オンラインホワイトボードは、紙と鉛筆で行うよりも盛り上がることが多いです。

### ▶ 絵しりとり

ペンを使ったお絵描きは
かなり盛り上がります

## ➔ みんなに見せたくないものはツールや機能の使い分けをしっかりと

Jamboardの共有機能はとても便利ですが、実は課題もあります。ある児童・生徒の考えを教師にしか見せないほうがよい場合があるためです。そんなテーマを扱うときは、Formsでアンケートを作成しましょう。設定の［全般］タブにある［回答者が行える操作］を両方オフにしておけば、教師だけが集計した回答を確認できるようになります。

また、Jamboardの付箋には基本的に自分の名前を書かせますが、あえて無記名にすることで誰の意見かわからなくすることも1つの手です。下図のようなトラブル解決のための話し合いや、多数決などを行うときには、無記名にして使うことで、普段意見が言えない子も発言しやすくなります。

### ▶ 無記名で意見を集めることも

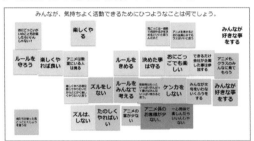

テーマによってアプリや
機能を使い分けましょう

# 33

[考え方と実践事例]

# 単元のまとめはスライドが便利
# Classroomで回収・発表しよう

このレッスンの
ポイント

これまで単元のまとめは、模造紙を使ったり、新聞にまとめたりしてきました。1人1台端末になったいまだからこそ、単元のまとめの発表はスライドをオススメします。何を学んだのかわかりやすく、発表を作る児童・生徒たちもとてもやる気になります。

## → 単元のまとめを手元の端末で簡単に

いままでなら、単元のまとめをするためにパソコン室に行き、PowerPointで資料を作成して発表することはあったかと思います。しかし、パソコン室を使えるのは週に1回程度。年に数回の単元でしか発表することができなかったと思います。

1人1台端末のいま、単元のまとめを手元の端末で手軽にできるようになりました。オススメはスライドアプリです。児童・生徒が自分で考えをまとめ、発表するのに適しており、手元の端末で作業に集中できるのも、学習の定着に大変有効です。

## → PowerPoint、KeynoteではないGoogleスライドのよさ

スライドのよさはPowerPointやKeynoteよりもシンプルな点です。アニメーションなどを用いて作り込んだスライドにするには、PowerPointやKeynoteのほうが便利かもしれません。しかし、児童・生徒たちはデザインや見栄えにこだわってしまい、無駄な情

報を盛り込んでしまいます。それは学習の理解を深めるために有効ではありません。スライドを使うことで、余計な装飾に時間を使うことなく、シンプルでわかりやすい資料を作成し、プレゼンテーションを行うことができます。

## → 作ったものは提出させて、教師の場面から提示しよう

スライドを作成した後には、必ず発表させましょう。そのさい、Classroomの課題提出機能を使って、全員のスライドを教師のパソコンに回収しましょう。そうすることで、発表時は教師の端末だけをオンラ

インにしておけばよくなります。それをプロジェクターなどの大画面に提示して発表させます。評価をするときも、複数の提出物が1つにまとまっているので簡単です。

## ● Classroomから課題を作成する（教師側の操作）

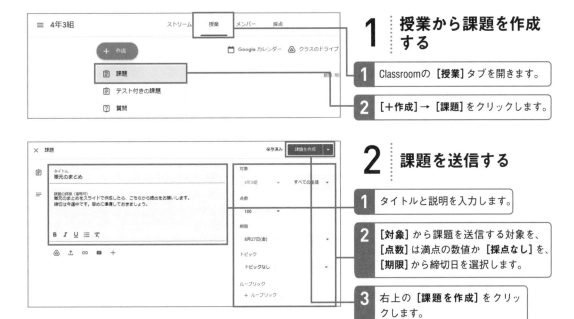

# 1 授業から課題を作成する

**1** Classroomの［**授業**］タブを開きます。

**2** ［＋作成］→［課題］をクリックします。

# 2 課題を送信する

**1** タイトルと説明を入力します。

**2** ［**対象**］から課題を送信する対象を、［**点数**］は満点の数値か［**採点なし**］を、［**期限**］から締切日を選択します。

**3** 右上の［**課題を作成**］をクリックします。

## ● Classroomから課題を提出する（児童・生徒側の操作）

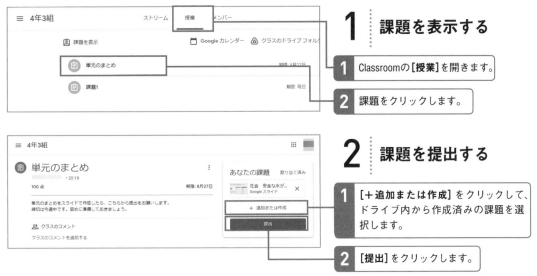

# 1 課題を表示する

**1** Classroomの［**授業**］を開きます。

**2** 課題をクリックします。

# 2 課題を提出する

**1** ［＋追加または作成］をクリックして、ドライブ内から作成済みの課題を選択します。

**2** ［提出］をクリックします。

NEXT PAGE ➡

# ● Classroomで回収した課題を確認する（教師側の操作）

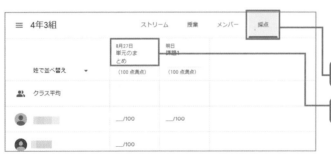

## 1 提出課題を確認する

**1** Classroomの［採点］タブを開きます。

**2** 課題をクリックします。

### P POINT
ここで誰が課題を提出し、未提出がどれくらいあるのか確認できます。

**3** 提出済みの課題をクリックします。

## 2 課題をチェックする

ここから点数をつけたり、限定公開のコメントをつけたりして評価もできます。発表が終わってから行いましょう。

課題の提出と回収がとてもスムーズに行えます

## → 時間を決めて作成させ、美しさではなく、発表に重きを置こう

スライドに単元のまとめを整理すると、児童・生徒たちは際限なく頑張りだします。何時間あっても時間が足りないということになりがちで、後の単元の学習が短くなることもよくあることです。

あらかじめ、スライドは「何時間で何枚程度にまとめる」と伝えて始めましょう。最初と最後のまとめの仕方だけは統一しておくと、発表のときにみんなが理解しやすい形にしやすくなります。

### ▶ 重要なのは発表

デザインはシンプルに
時間と枚数を決めて取
り組ませましょう！

## → 1人で作ってもよし。班で共有して作るもよし

単元のまとめを1人で作るだけではなく、班で1つのスライドを共同編集するのもよいですね。Lesson 14でもお伝えしましたが、これはPowerPointやKeynoteではできない機能です。共同編集機能は、

慣れないとなかなか難しいですが、子どもたちに任せていると、あっという間に協力して行えるようになります。1人で作成するときと、共同編集で作るときを、年間で計画を立てて行うことが大切です。

余裕を持って取り組める
よう、年間計画を立てて
おくとよいですね

# Lesson 34 ［授業の実践事例］
# 授業はどう組み立てる？「国語×ドキュメント」で思考を深める

このレッスンの
ポイント

児童・生徒によっては苦手意識を持つ子が多い、国語の作文単元。ドキュメントのよさを生かしながら、**Classroom**での課題提出機能やコメント欄を活用することで、少しでもハードルを下げるコツをお伝えします。授業を組み立てるさいのご参考になればと思います。

## → 作文にめっぽう強いドキュメント

国語というと紙と鉛筆のほうが合う、という意見もありますが、私は最終的には学習者である児童・生徒が、デジタルとアナログの文具を自ら選べるようになると、学びの形が自分に合ったものになっていくと考えています。

デジタルの場合、学校教育に新たに登場したGoogle Workspace for Educationアプリのうち、「書く」「表現する」という学習に関しては、ドキュメントを使うことが多くなります。このアプリで授業に取り組むメリットは、加筆・修正・推敲がとても素早

くできることです。ノートならば、間違えてしまったら消しゴムで消してまた書いて、となりますが、ドキュメントなら Back space キー一発で消せます。書いた文章をドラッグして移動したり、コピーアンドペーストしたりと編集も簡単ですが、手書きだとそうもいきません。

そうしたデジタルのよさを生かすとなると、国語の作文にドキュメントはとても相性がよいのです。例えば、お話を書いたり物語文を作ったりする単元、意見文や主張を書く単元では威力を発揮します。

## → タイピングが難しいと感じる児童・生徒には

前提として、ある程度スムーズでストレスのないタイピングができることが条件になります。そこでつまずくと、「手書きよりもタイピングのほうがいい！」という思考になりません。ドキュメントで学習するというメリットも享受できなくなります。もっとも、ドキュメントに限らず、Google Workspace for Educationアプリのメリットを享受するために必要なのは、やはりタイピング能力です。

毎日毎日、授業の時間を10分でも割き、タイピングに取り組ませましょう。家庭に持ち帰りが可能ならば、家庭でも取り組ませましょう。とにかく短時間でも、毎日毎日行うことが大切です。毎日やることは身につきます。たまにやることは身につきません。児童・生徒たちは取り組む時間や回数が増えれば増えるほど、のめり込んでいきます。

## 🔔 ワンポイント　タイピングソフトを利用しよう

オススメのサービスがスズキ教育ソフトの「キーボー島アドベンチャー」です。実に簡単なレベルから始まり、徐々にレベルが上がっていくシステムがゲーム感覚で楽しく、児童・生徒は熱中します。毎日学校で1回、宿題でもう1回とコツコツ続ければ必ず向上します。実際、3年生の児童がどんどんタイピングが向上する姿を私は見ています。

## → Classroomの「課題の提出」を使えば1人ずつじっくり考えられる

国語の物語などで読み進めていくとき、ある問いを1人ずつじっくり考えることも、ドキュメントがあるとさらに深まります。問いを書いたドキュメントをClassroomから課題として配布し、子供たちに書かせていけば、それが1つのレポートとなります。

### ▶ ドキュメントに問いを書きそれをコピーして提出させる

> この下に「これから、あなたはどう生きるか」について、筆者の意見を引用しながら書きましょう。
>
> ○名前
>
> ○本文

課題提出と回収方法は
前レッスンをご参考に

## → Classroomのコメント欄で級友の意見も参考にできる

課題の提出よりも、もっと気楽な気持ちで、児童・生徒の考えを引き出していきたい場合は、Classroomのストリームが便利です。課題として提示したい問いをストリームに投稿し、コメント欄に考えや意見を書かせていきます。
こうすれば、ほかの児童・生徒の考えや意見も見ることができるため、考えを文章にして表現するのが苦手な子でも、いっそう取り組みやすくなります。

### ▶ お互いの意見をサクッと交流できるよさがある

 3月15日
「瀬の主」（クエ）は、「お父さんの敵でありながらお父さんの友だと思える存在」だと思った。

 3月15日
瀬の主は太一にとって、海の命で殺してはいけない存在。お父さんのような存在。

 3月15日
瀬の主は太一のお父さんの事殺して、太一は少しは憎んでいると思うけどでも忘れられない、忘れてはいけない存在だと思います。

書き込みやすいので
考えも引き出しやすい

# Lesson 35 ［授業の実践事例］
# 授業はどう組み立てる？
# 「算数×Forms」で問題作り

このレッスンの
ポイント

Lesson 28〜30で解説したように、Formsを使えばテストの作成や回収も簡単に行うことができます。が、「ちょっと難しい」と感じた方もいるかもしれませんので、ここではもっと気楽な使い方を、私がいつも実施している事例のなかからご紹介します。

## → 課題が早く終わってしまう子

算数の単元では、必ずある問題演習。そのときに早く終わってしまう児童がいると思います。そういう子にはFormsで課題作りをさせましょう。

メリットは下記の4つと考えます。互いに学び合えることを日常にしておけば、Formsも使えるようになります。一石二鳥です。

### ▶ 問題作りのメリット

①新たな学習課題となり、その児童が取り組むことが明確になること
②問題作りを通して学習内容の理解が深まること
③その URL を Classroom に貼り、解き合うことで級友も理解が深まる
④問題を作った児童は誰かの役に立ったという自己有用感を味わうことができる

### ▶ Formsで算数の問題作り

田中の問題
*必須

26÷5は？ *
○ 5あまり1
○ 4あまり6
○ 6あまり4

20このあめがあります。3人で同じ数ずつ分けます。一人分は何こになって、何こあまるでしょうか。その式と答えの組み合わせはどれでしょう？

互いに学び合える日常を
自然な形で実現できます

## 作った問題はClassroomから共有

Formsで作った問題は、下図のように共有リンクを
Classroomのコメント欄に貼らせれば、誰が作った
問題かひと目でわかります。問題を解いたあとに、

感想を書き合うのにも使えて便利です。Formsの使
い方やリンクの作成方法についてLesson 16をご参
考ください。

▶ 共有リンクをストリームのコメント欄に集める

コメント欄を上手に使いま
しょう

 ## 低学年にはJamboardを

低学年だとタイピングもままならないこともあるで
しょうから、手書きが有効です。手書きで相性が
いいのがJamboardです。複数のフレームを作って
おいて、2人ペアなどで入らせます。1つのフレーム
上で、1人の児童が問題を出し、もう1人が手書き

で答えるというように使います。リアルタイムで互い
の文字が表示されるので、紙のノートを一緒に見な
がら勉強しているのと同じような感覚で、問題を出
し合えます。

▶ 手書きで問題を出し合おう

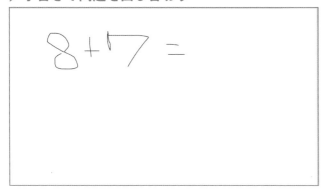

工夫次第で使い道が
広がります！

# 36

[授業の実践事例]

# 授業はどう組み立てる？
# 「理科×Jamboard」の観察カード

**このレッスンの
ポイント**

Jamboardを使えば、理科でよく使う観察カードを簡単に作れます。
絵が苦手な児童・生徒でも、写真つきの観察カードを作り、フレーム
をコピーしながら記録していくと、ハードルが下がって継続して取り
組みやすくなります。

## ⊕ 写真で記録できる観察カード

3年生の植物の観察では、タネに始まり、子葉、
根や茎や葉、花、枯れた後を観察します。観察す
る回数がとても多く、さらにヒマワリとホウセンカ
の2種類を行いますので、スケッチで描いていくと、
とても時間がかかります。絵が上手に描ける子はい
いのですが、絵に自信がない児童や、絵にこだわり

すぎてしまう児童もいて、進捗を揃えるのがとても
難しいです。
そこで役に立つのがJamboardです。写真の取り込
みが簡単なこと、手描きにも対応していること、継
続的に記録を行えること（最大で20枚）などから理
科の観察の学習に適しています。

▶ **Jamboardで作った観察カード**

7月1日（木）天気晴れ　25℃

色　ピンク

形　丸い

大きさ　3cmくらい

気付いたこと
前に観察した時よりも大
きくなっていた。そして
きれいな花が育ってい
た。

Chromebookやタブレットの
カメラを上手に使いましょう

# 雛形を利用すれば簡単に観察カードを作れる

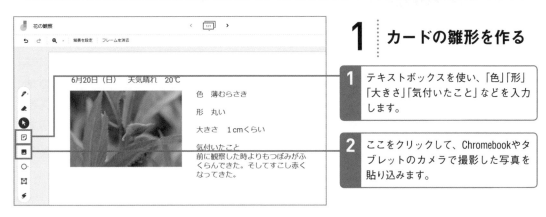

## 1 カードの雛形を作る

**1** テキストボックスを使い、「色」「形」「大きさ」「気付いたこと」などを入力します。

**2** ここをクリックして、Chromebookやタブレットのカメラで撮影した写真を貼り込みます。

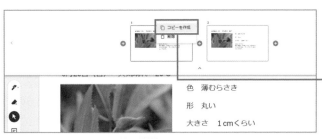

## 2 フレームをコピーして続ける

**1** 上部フレームバーを開いて、[コピーを作成]を選択します。

**2** コピーしたフレームの写真や文章を書き換えて、2日目の観察を記録します。

**3** 手書きでメモを添えるのも効果的です。

こうして雛形を作れば、絵が苦手な子でも続けられます!

# 外国語の授業はどうする？
# 「スライド×ドキュメント」でスピーチ

5、6年生から始まる外国語の学習。その単元の最後によくあるのがスピーチです。ここではGoogle Workspace for Educationのスライドとドキュメントを活用して、外国語のスピーチを効果的に学習できる方法を紹介します。

## ➡ 工夫ひとつで、話し手も聞き手にも効果が出る

外国語の授業の単元、その最後によくあるのがスピーチです。その単元で学んできたことをクラスの前で発表することをします。そのさいに、視覚資料としてスライドを用意させると効果的です。

例えば、6年生の「My Best Memory」という単元があります。ここでは小学校生活の思い出を話します。その話に合った画像をスライドに貼らせ、大型モニターで映しながら話をさせるのです。

そうすることで、話し手には資料がある安心感をもたらします。聞き手には、話す内容だけでなく、視覚情報もあることで、スピーチの内容がより入ってきやすくなります。双方にとってメリットがあるのです。

スライドは1文に1つ作らせました。6年生であれば1時間でスライドは完成してしまいます。宿題などにしても、そこまで負担にはならないでしょう。

▶ スピーチ内容を簡単なスライドで

sports day

これだけで雰囲気が
伝わってきますね！

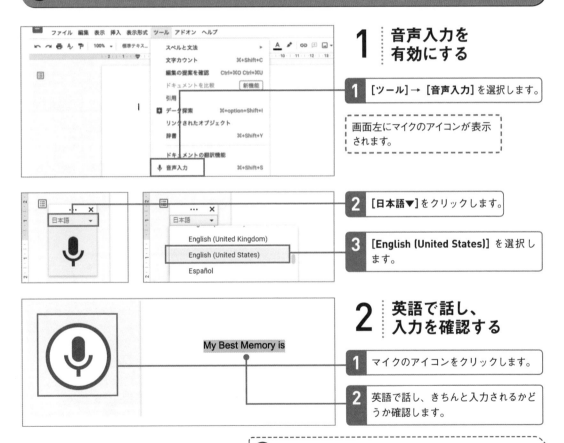

## → スピーチ練習にはドキュメントで音声入力が便利！

ドキュメントの機能には、音声入力があります。それに対応しているのは日本語だけでありません。英語も対応しています。

ドキュメントに向かって喋って、それがきちんと認識されるのかどうか？　これは児童・生徒にとって

スピーチ練習の1つの指標となります。音声入力でスピーチの練習をするだけで、高くモチベーションを維持できるようになります。1人でできるので、抵抗感なく学習できるのもポイントです。

## ● ドキュメントの音声入力でスピーチを練習する

### 1 音声入力を有効にする

**1** [ツール]→[音声入力]を選択します。

画面左にマイクのアイコンが表示されます。

**2** [日本語▼]をクリックします。

**3** [English (United States)]を選択します。

### 2 英語で話し、入力を確認する

My Best Memory is

**1** マイクのアイコンをクリックします。

**2** 英語で話し、きちんと入力されるかどうか確認します。

### ⓅPOINT
マイクの使用を促されたら、許可しましょう。Chromebookや iPadなどのタブレット端末には、マイクが搭載されています。

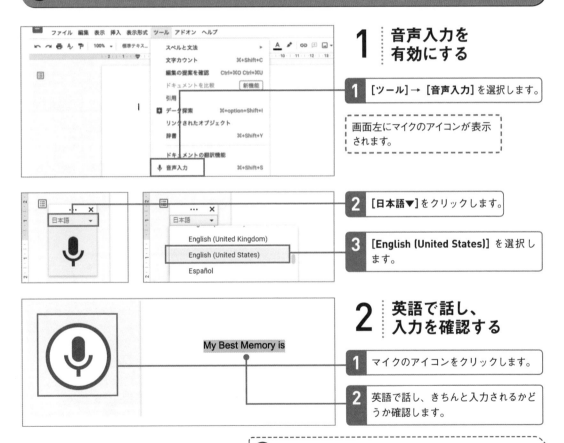

# Lesson 38 ［便利な機能］
# すべての授業に共通する
# ドライブ使いのススメ

このレッスンの
ポイント

Lesson 08〜09で紹介した通り、すべてのファイルの保管庫である
ドライブの特徴を教師も児童・生徒も理解すれば、各アプリのファイ
ルの確認や整理、共有が一段とスムーズになります。実際にどのよう
に使っているのかを紹介しましょう。

## ⊙ クラスで共有ドライブを使うと管理しやすい

下図は学級内の共有ドライブです。児童・生徒1人
ひとりのフォルダを用意し、そのなかで自分のファ
イルを作るようにしています。全員の進捗状況の把
握ができますし、個別に送りたいファイルがあれば、
その児童・生徒の名前がついたフォルダに入れるだ
けで、すぐにシェアすることもできます。

学習の流れとしては、「自分のフォルダを開いて、
［＋新規］ボタンから作りたいものを作る」と、覚え
させましょう。こうした作業の流れさえ定着すれば、
管理もしやすくなるので、使い始めたばかりの教師
でも、十分ドライブの利便性を感じられると思いま
す。

### ▶1人ずつ名前でフォルダを作る

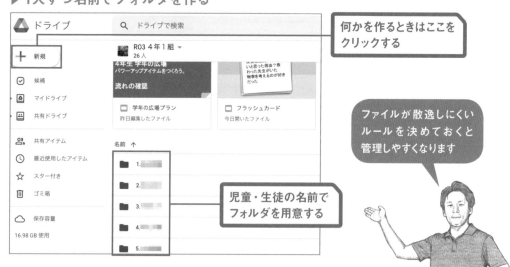

何かを作るときはここを
クリックする

児童・生徒の名前で
フォルダを用意する

ファイルが散逸しにくい
ルールを決めておくと
管理しやすくなります

# ドライブの検索機能をフル活用し、ファイルを簡単に見つけよう

小学校高学年や中学生なら可能かもしれませんが、小学1〜4年生にどこにファイルが格納してあるのかを探させるのは至難の業です。そんなときはドライブの検索機能をフル活用してください。私は下記の2つの順番で使うように声をかけています。小学生が何年も前のファイルにアクセスすることは少ないので、ほぼ見つかります。

また、よく使うファイルは、ファイルの上で右クリックをして、[スターを追加]を選択しておくと、「スター付き」に表示が変わり、すぐにアクセスできるようになります。

児童・生徒の実態に合わせて、使い分けていただければと思います。

▶ ファイルの探し方

① [最近使用したアイテム] から探す
② ドライブの検索ボックスから、そのファイルに入力した文字やキーワードで検索する

▶ 共有ドライブ内の検索機能

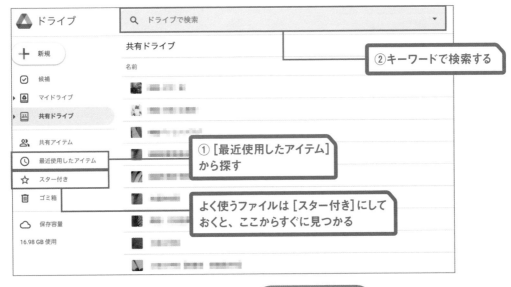

探しているファイルはほとんどこの方法で見つけることができます

NEXT PAGE → | 123

# → OCR（文字認識機能）が便利！　検索をもっと使おう

OCRとは、画像の文字を読み取って、電子テキスト化する機能のことです。ドライブにはこの機能が搭載されており、画像から簡単にテキストを取り出すことができます。やり方は、文字情報が入った画像をドライブに保存し、右クリックして、[アプリで開く] → [Googleドキュメント] を選択するだけです。

下図は社会科で使う、文化財の縦書きの立て看板をテキストデータにしたところです。ほとんど間違いなく、テキスト化されています。調べ学習をまとめるときにも、とても役立ちました。手書きの文字も多少の間違いを直すぐらいの精度でテキスト化することができました。

## ▶ ドライブ内の画像からOCRでテキストを取り出す

東京都指定有形文化財(歴史資料)

はちじょうじまかんしょゆらいひ

### 八丈島甘藷由来碑

**所在地八丈町大賀郷馬路**

指定 昭和三五年二月一三日 八丈島における甘藷の由来を記したもの。 慶応四年 (一八六八) 、菊池右馬之助が建立し た。碑文によると、右馬之助の二代前の秀右 衛門が文化八年 (一八一一) に、新島より「赤 さつま芋種」を持参して作り初めた。さらに文政五年 (一八二三) には、菊池小源太が「ほ んす種」を植えたという。

『八丈実記』にも「大賀郷名主菊池秀右衛 門武昌、文化八辛未年新島より赤さつま芋の種を得て八丈に弘む小源太、同九壬申 年 (文政五年の誤り) ハンスと云さつま芋種持来る。しばらく風土にあわず四十年の後 五ヶ村、小島、青ヶ島にまで繁茂し、初めて 島開闢以来の患をわすれる。八丈島の大原

誰か及ぶべき」とある。郷土開発の貴重な 資料として注目される。

方形の自然石を用い、台石はなく直接地 面に立っている。表面及び向かって左側面に刻文がある。高さは地表上約一〇〇cm、 幅は上部が七三cm、下部九二cm、厚さは三二～四六cm。

文化財を大切にしましょう

平成二三年三月建設

**東京都教育委員会**

手書きの画像の読み取りにも便利です！

## Lesson 39

[便利な機能]

# 消しても戻せる「変更履歴」 安心して使うためのコツ

**このレッスンの ポイント**

「データがない」「消えてしまっている」という、従来からよくある問題。**Google Workspace for Education**アプリの「変更履歴」を使えば、そうした問題も起こりにくくなります。ただし、新しいツールには新しいなりの使い方があります。ここではそのコツをお伝えします。

## → 「消えたときは、戻せるから落ち着いてね」と伝えておく

Googleの共有機能の落とし穴は、自分ではない誰かが自分のデータを容易に消してしまうことができるということです。特に最初は、悪気がないのに消してしまうことがよくあります。そのたびに、「誰が俺のを消したんだよ！」と言い争いになってしまうことがあります。そうなることが面倒だから、教師が共有機能を使わせない傾向も見られます。

まず最初に、消えても直せることや、故意でなくても消してしまうことがあることを伝えておきましょう。時間があれば、操作に慣れるために自由に使う時間を取っておくと、それ以降トラブルは圧倒的に少なくなります。

## → 変更履歴のバックアップは最後の手段。子どもたちにやらせない

消えたものは戻せますが、それは最後の手段としましょう。多用すると消してもよいという気持ちが生まれてしまいます。ルール作りとしては、基本的には消さないよう努力する。消えてしまっても新しいものを作る。どうしても戻したいときだけ教師にお願いする。そう決めておくと、バックアップを使用することはなくなります。少なくとも私のクラスでバックアップを使ったことはほぼゼロです。

▶ 変更履歴を使う前に、日頃から心がけておくこと

・「消えても戻せるから落ち着いてね」と児童・生徒に伝えておく
・日頃から消さないように努力する
・消えてしまったら、新しいものを作る
・どうしてももとに戻したいときは、教師が変更履歴から行う

変更履歴の使いかたは Lesson 05を参考に

# ⓘ COLUMN

## ICTが苦手なある教員の変化

2020年11月6日にパソコンがやって来る……。本書著者の1人、古矢岳史先生からだいぶ前からその必要性や使い方に関するレクチャーを受けていた私は、当時2年生を担当。日本の未来を担う子どもたちにとって、それ(パソコン)がどんなに意味のあることか、頭では理解していました。ただ、実際にその日が目の前に迫り、やはり感じたことは、次のような不安でした。

「いよいよ始まるな。さあ、大変だ」

「うちのクラスの子だけ、スキルが身につかなかったらどうしよう……」

しかし、私がマゴマゴしていたら、子どもたちに失礼だ！ とりあえず、できることだけでもいいから、やってみよう。そんなふうに自分に言い聞かせたのを覚えています。

ちょうど1週間後の生活科で「町たんけん」の活動が予定されていました。私はまず、取材方法の1つとしてChromebookのカメラ機能を利用しようと考えました。

まずは練習として、学校のなかを取材先と見立てて写真を撮影し、パソコンに取り込む、という授業を行いました。最低でもこの2点ができれば、何とかなるかもと考えたのです。

「失敗しても大丈夫(だって、私もわからないから)。ダメでもともと、やってみよう」

同僚と自分にこう言い聞かせて、Chromebookを手提げバッグに入れさせて、グループごとに町たんけんへ出発しました。

当日、子どもたちは、無事に写真を撮ることができたのはもちろん、動画まで撮影して戻ってきた子もいました。

「先生、見てみて！ こんなところを見せてもらえたよ」「おお！ すごい!!」

みんなの表情は、輝きに満ちていました。

取材して集めた写真や動画をどうするか。とりあえず感想を書いてみよう、2年生だから手書きでもいいし、古矢先生がおっしゃっていたOCRを使えばテキストになるそうだし、どんどん試してみよう、まずは手を動かそう！

などなど、手探りながらも写真と感想文をスライドで作っていきました。

「先生、こんなことできたよ〜！」

「ええ！ どうやってやったの？」

「家で、お兄ちゃんに教えてもらった」

こんな頼もしいこともありました。

それからは、あれよあれよと、子どもたちから教えてもらうことのほうが多くなりました。そして12月の初めには、パソコンでまとめたスライドを家庭でプレゼンできるまでに。自分でも本当にびっくりしました。気持も新たに、少しずつ慣れていく日々を送っています。

(八丈町立三根小学校主任教諭　照井由夏)

### ▶町たんけんの様子

八丈町のラーメン屋さんの厨房で

Chapter 4　学びが豊かになる！ 授業への活用法

Chapter

# 5

# クラス活動が変わる！学級経営への活用法

クラス活動にGIGAスクール端末とGoogle Workspace for Educationをどう活用したらよいのか、実践例を挙げて紹介していきます。

## Lesson 40

[朝の会に活用]

# 家庭の様子を課題として提出し朝の会で発表させてみよう

**このレッスンのポイント**

いままで、児童・生徒の家庭がどのような様子なのか、なかなかわかりませんでした。それが1人1台端末時代になり、学校と家を毎日カメラを持って行き来することになるわけです。家での様子を写真に撮り、クラスで発表し、話し合うことで相互理解を深めることにつながります。

## → 教師がやることはClassroomから課題を出すだけ

私の学級では写真や動画、スライドにこだわらず、さまざまなツールを使って家庭での様子を提出させるようにしています。例えば、写真なら、お気に入りのぬいぐるみやペット、兄妹の姿などさまざまですが、その児童・生徒ならではの味が発表に出てと

ても面白いものになります。労力がいらないけれども、生き生きとしたスピーチ活動になります。

やり方は、Classroomの課題提出機能（Lesson 33）を使えばOKです。写真でも動画でもスライドでも形式は自由。教師のパソコンに課題を回収しましょう。

### ▶ 家庭の様子を集めるため、課題提出機能を活用

教師が知らなかった児童・生徒の一面を知ることができ、学級経営に役立ちます

## → 保護者の許可をしっかり取ることが大事

ただし、保護者に写真や動画を撮影してよいかどうか、許可を取る必要はあります。家の様子を勝手に撮ってきて、保護者からクレームが入るケースがないとも限りません（いまのところ、一度もありませんが）。

児童・生徒たちが何を撮ってきたのかを教師のほうでいったん確認して、その上で大型ディスプレイなどでクラス全員に見せる必要があります。そのためにも、Classroomの課題提出機能を使い、教師のほうでまず提出物をチェックする手順は重要です。

いったん教師のほうで問題ないかチェックすることも大事です

## → うまく撮れない児童・生徒にはしっかりフォローを

家の様子をうまく撮れない児童・生徒や、そもそも撮影方法がわからないという子には、学校生活でも困難を抱えている可能性が高いです。提出できない児童を頭ごなしに叱るのではなく、そういう児童にこそ手厚く接する気持ちを持ち続けましょう。うまく撮影できないときほど声をかける。そのシステムができると、よりよい学級になっていきます。

▶ 実際に提出された家庭の様子

お見せできないのは残念ですが、生き生きとしたスピーチになることが多いです

---

## 👍 ワンポイント こんな面白い発表がありました

赤ちゃんの弟やペットの犬の動画を撮って発表する児童がいました。従来の方法だと、写真を撮ってプリントする手間がありましたが、いまは各々の端末から動画を簡単に撮影でき、見た目にも面白いものになります。発表する側も聞く側も、楽しい朝の会にできます。

[班活動に活用]

# オンラインで広がる<br>新しいコミュニケーションの場

このレッスンの
ポイント

普段行っている班活動。班のメンバー4人で話し合うとなると、なかなか話しだせない児童・生徒がいたり、話し合いが深まらないこともあります。しかしオンラインを活用すると、普段話さない子も気軽に話せたり、オフラインとは違う形で会話が深まることがあります。

## → Meetでつないで、校庭に出てみよう！

一斉休校などの対応・準備はできているでしょうか。本書執筆時の2021年8月時点でも、新型コロナウイルス感染症防止が大きな課題ですが、もともと日本は災害大国です。台風で休校もありえますし、インフルエンザによる学級閉鎖だって考えられます。だからこそ、日頃から学校でのオンライン授業に慣れておく必要があります。オンライン授業を試してみたい場合は、教室で行うとハウリングしてしまいがちなので、Meetでビデオ会議を開始した状態で、班ごとに校庭に出てみましょう。

オンラインでクラスのみんなとつながりながら会話するのも楽しいですし、教室では味わえない体験ができます。LTEなどモバイルデータ通信が使える端末をお使いの学校であれば、手軽に試すことができます。

### ▶ 実際に外でMeetを使っている様子

教室では味わえない
新しい発見がたくさん
あります

▶ オフラインでもオンラインでも友だちと話せる！

コミュニケーション方法は多様です。使うほど当たり前になっていきます

## ➔ まずはチャットから。外でもマナーとルールを守ろう

児童・生徒たちは、離れた場所からみんなの顔が見えるだけで喜んで学習します。外だとマイクからの音が拾いにくいのと、大声を出したりすることもあるので、まずはMeetのチャット機能を使ってコミュニケーションを取ることから始めてみましょう。普段からClassroomのコメント欄を使い、マナーやルールをしっかり守るよう習慣づけておけば、変な書き込みは自然となくなっていきます。

Meetをつないで校庭に出ると聞くと驚く先生もいるかもしれませんが、「こうなったらどうしよう」と心配する前に、普段からオンラインでのコミュニケーションに慣れておくことが大事です。MeetでもチャットでもClassroomでも構いません。たくさん使って問題が出たら、クラスでの話し合いが積み重ねられていきます。その経験が当たり前になると、教師にも児童・生徒にも、どちらにとっても学びになります。大人も子どももお互いに、Chromebookやタブレットが教具ではなく、当たり前の文具として使用できるようにもなっていきます。

## ➔ Zoomのブレイクアウト機能を使うとさらに深まる

オンラインのビデオ会議ツールでは、少人数にグループを分けて話すことができる「ブレイクアウト」という機能が使えることがあります。Meetにもブレイクアウト機能は搭載されていますが、Google Workspace for Educationのアカウントや学校組織の方針によっては使えないことがあります。本校でもMeetのブレイクアウト機能は使えないのですが、その代わりにビデオ会議ツールの代表格であるZoomを活用しています。

Zoomには標準でブレイクアウト機能が搭載されています（40分までは無料で使えるので、登録しておいて有効に使いましょう）。Zoomなら、例えば40人が参加しているビデオ会議のなかで、班4人組を10グループに分ける、といった形で話せます。少人数の画面上での話し合いは、むしろ実際に会っているよりも、交流を深めることができると感じています。休校になってからでは遅いので、いまのうちから積極的に使い、慣れておくことが大切です。

▶ **Zoomのブレイクアウト機能を活用したオンライン授業**

クラスごとに画面を分けて話し合いができます

## ➡ ゲストティーチャーとのオンラインは、休み時間から

私が勤務する小学校では、学校全体の取り組みとして、さまざまなゲストティーチャーを招き、オンラインで講演などをしていただいています。そうした取り組みで大切なのは、休み時間も含めて、講演前と後にMeet（ブレイクアウトを使うならZoom）をつなぎっぱなしにしておくことです。

児童・生徒たちは、画面に近づいて他愛もない話をしています。そのような雑談は、学校の外の人と話すときにはとても大事なコミュニケーションになります。児童・生徒とゲストティーチャーの距離をより近づける雑談タイムを設けるためにも、オンラインにずっと接続したままにしておくとよいでしょう。

▶ **ゲストティーチャーとの会話**

学校外の先生と気軽に話せるのもオンラインならではと言えますね

［連絡の習慣化］

# Classroomで規則正しい連絡を！
# プチ学級通信としても活用できる

このレッスンの
ポイント

教師なら、誰もが実践したほうがよいのがClassroomからの連絡です。私が担当するクラスでは、毎日Classroomで明日の予定を投稿しています。この習慣によって、児童・生徒は忘れ物が減り、先の見通しをもって学習に取り組むようになりました。

## → 教科の内容まで細かく書く

明日の連絡をするさい、多くの教師が前か後ろの黒板に書き、児童・生徒が連絡帳に写すというやり方を採っているのではないでしょうか。私もそうでした。1人1台端末になってからは、毎日Classroomのストリームから明日の予定を投稿しています。児童・生徒がコメント欄に書く時間は給食を食べ終わった後。万が一書きそびれても、手元の端末で確認し、さっと投稿ができます。

明日のお知らせを書くさいには、時間割、教科の内容、宿題、持ち物、そして教師のコメントなど、項目を分けて短く書くのがポイントです。

### ▶ Classroomに明日の予定を必ず投稿する

5月18日 （最終編集: 5月18日）

5月19日 水曜日

1 算数 わり算の筆算
2 図書 本忘れないでね
3 道徳 土曜日の学校
4 国語 漢字の部首
5 体育 エイサー ８０m走

宿題
音読 漢字 道徳調べ「れいぎ正しくするってどうすること？」

持ち物
本

理科の授業の時、種の観察シーンとしているのがすごいなーと思ったよ。
庄子先生の授業じゃなくても、だれでもちゃんとできるところがさすがです。
天気が悪くて、じめじめしていると疲れるよね。
無理せず、家ではしっかり休んでね。

内容は短く端的に。
毎日継続することが
何より大切です

NEXT PAGE →

##  保護者も見ることができるので、ダブルチェックができる

端末の持ち帰りが許可されている学校であれば、保護者も確認できるので安心です。お子さんの明日の準備が間違っていないかどうか悩まれた場合でも、Classroomの明日の連絡を端末から直接確認

してもらえます。これにより、放課後の保護者からの電話は減るどころかほとんどなくなり、逆に温かい言葉をいただくことも多くなりました。

## プチ学級通信にもなる

私は、明日の予定の最後に、教師のコメントとして今日の様子や素晴らしかったところを書いて、伝えるようにしています。また、その日、印象に残った1枚の写真もできるだけ添付します。保護者の方に、学校の様子がよくわかると好評です。　また、

Classroomのストリームからクラスへのお知らせを投稿すると、その投稿に対してチャット形式のコメント欄が自動的に作成されます。ここに児童・生徒が今日考えたことなどを書くことで、1日の振り返りとして有効に活用することもできます。

▶ 予定の最後に、今日の振り返りや写真を添えておく

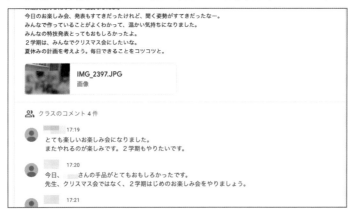

写真をつけたり
コメント欄を活用
しましょう

## 投稿するのは朝8時。放課後に3行追加

毎日投稿を続けるには、規則正しい生活を送る必要があります。私は毎朝8時にClassroomから明日の予定を投稿しています。予定が変更になれば、随時編集しています。上述した通り、放課後には学校の様子を3行追加し、その日を象徴するような

写真も1枚つけ加えます。連絡を規則正しく送ることで、子どもたちはそれがどんな文章で、どんな写真がついているのか楽しみにするようになります。家でも端末を開く癖がつき、一石二鳥です。

# Lesson 43

[連絡の習慣化]

## Classroomの課題提出機能でこまめにフィードバックを

**このレッスンのポイント**

Classroomの課題提出機能は、学級経営にも便利です。クラス全員の提出物がひとまとめになるので評価もしやすく、フィードバックも返しやすいです。教師からの返答を楽しみにしている児童・生徒も多いため、こまめなフィードバックを心がけましょう。

### ➡ 児童・生徒は教師からコメントを期待しています

Classroomの課題提出機能は、児童・生徒それぞれの提出物に対して、採点したり「限定コメント」をつけたりしてフィードバックできます。テストであれば採点するのもよいですが、学級経営に関する提出物では、課題作成時に「採点しない」を選択して、あえて点数をつけずにしておくこともできます。

フィードバックで重要なのは、限定コメントです。これは教師と児童・生徒が1対1で交わせるコメント欄のことで、他の子どもたちからは見えません。限定コメント欄を使い、「スライドのこんなところがよかったよ」「こんなところをもっと工夫するとさらによくなるよ」といったフィードバックを行いましょう。児童・生徒たちからは、「先生、いつ返してくれるの?」とコメントを楽しみにする声が書き込まれることもあります。手書きよりもスピーディーに評価できますし、何より、児童・生徒が教師のコメントを待っているのですから、こまめにフィードバックを返してあげましょう。

### ➡ 途中経過ではなく、完成したもの提出させる

Classroomに一度課題を提出すると、基本的に児童・生徒の端末からは再編集はできません。ただし、どうしても児童・生徒側での編集が必要になった場合には、教師のほうからオンラインで課題を返却することで対応できます。何度も返却するのはとても手間なので、途中経過を提出するのではなく、きちんと完成したものを提出させるように伝えておきましょう。

課題提出のやり取りだけで疲れてしまわないよう注意しましょう

Chapter 5

クラス活動が変わる！ 学級経営への活用法

[アプリの便利な使い方]

# 係やお楽しみ会の相談は Formsのアンケートで進めよう

**このレッスンの
ポイント**

学級会を進めるさい、学級委員が前に立つこともあれば、話し合う時間がなくて教師が決めるなんてこともあるかと思います。そこで便利なのが**Google Forms**です。アンケートを作り、児童・生徒の声を集めましょう。

## ➡ アンケート作りから子どもたちにやらせてみよう

通常、お楽しみ会で何をするのか決めるさい、クラス全員で話し合いをしますが、Formsを使うとみんなの意見を簡単に集めることができます。ポイントは、一部の児童・生徒が決めるのではなく、「全員でやることを決める」お楽しみ会を作るためにとても有効です。まずは、児童・生徒に自分たちでアンケートを作らせるところからはじめてみましょう。

## ➡ アンケート作りは教師と共同編集にしておこう

Classroomの課題提出機能を使って、Formsを提出させても、そのアンケートを教師から送信することはできません。アンケートを作成した児童・生徒に、担任を共同編集者にしてもらって初めて教師から送ることができます（次ページ参照）。また、Classroomの設定で［生徒に投稿とコメントを許可］にしておいて（Lesson 15）、児童・生徒からアンケートを投稿してもらうのもよいと思います。

## ➡ 教師だけがアンケート結果を見たい場合は？

教師だけがアンケート結果を知るほうがよい場合もあるでしょう。やり方はまず、アンケートを作成する児童・生徒が担任を共同編集者にします。その後、教師の側からの操作で、児童・生徒を共同編集者から解除すれば、教師だけが閲覧できるアンケートになります。この手順は手間がかかるので、そこまでする必要がないものは、児童・生徒たちから直接Classroomのストリームに投稿してもらえればよいでしょう。

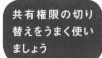

共有権限の切り替えをうまく使いましょう

## ⬤ 児童・生徒に教師を共同編集者にしてもらう（児童側の操作）

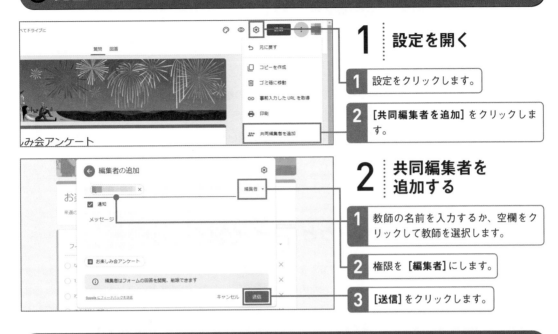

### 1 設定を開く

**1** 設定をクリックします。

**2** [共同編集者を追加] をクリックします。

### 2 共同編集者を追加する

**1** 教師の名前を入力するか、空欄をクリックして教師を選択します。

**2** 権限を [編集者] にします。

**3** [送信] をクリックします。

## ⬤ アンケートを編集・送信する（教師側の操作）

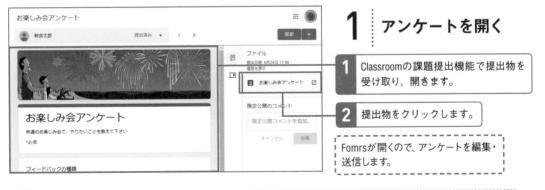

### 1 アンケートを開く

**1** Classroomの課題提出機能で提出物を受け取り、開きます。

**2** 提出物をクリックします。

Fomrsが開くので、アンケートを編集・送信します。

## → 教師が介入しないのもよし

アンケートの内容にもよりますが、なんでもかんでも教師が監視するというやり方はやめたほうがよいです。Chapter 7で説明するデジタル・シティズンシップの育成も踏まえて、子どもたちに任せてみる。

問題が起きたときには、その問題についてみんなで話し合うということも大切です。もちろん、大きな問題が起きないような学級経営をしていくことが大切なことは、言うまでもありません。

# Lesson 45

[アプリの便利な使い方]

# 授業、学級経営、校内研究にも！
# Jamboardの「付箋」を使いこなそう

このレッスンの
ポイント

私は1日の終りに、児童・生徒の振り返りとして、Jamboardを活用しています。これにより、オンラインのポートフォリオ評価となって、学びが積み重なっていきます。私の勤務校では端末を持ち帰れるので、児童・生徒は毎日振り返ることができ、成長にも気づきやすいです。

## → いきなり学習に使おうとしなくてOK

「Jamboardは便利ですよ」と他の教師にすすめると、「うちのクラスでは、誰かが消した、消されたの騒ぎになるので使っていません」という話になることがあります。確かに共有機能は便利ですが、故意でなくても友達のものを消してしまったり、動かしてしまったりすることもありえます。

はじめのうちは、操作に慣れるための時間を取りましょう。すぐに学習で使おうと無理をすると、うまくいかないものです。小さな成功体験と、毎日毎日繰り返し使うことで、児童・生徒はあっという間に正しく使うようになります。子どもたちを信じてあげてください。

## → 付箋以外の機能を使わないでOK

私は基本的には付箋機能しか使っていません。もちろん図形を描いたり、テキストボックスを配置したり、色を変えたりなどたくさんの機能があって便利ですが、すべてを使おうとすると混乱します。まずは、付箋に今日学んだことを端的に書く練習から始めましょう。

## → 振り返るためのルールを決めておこう

私が担当するクラスは6つの生活班がありますが、「3班ならJamboardの3ページ目（3つ目のフレーム）に書く」とルールを決めています。また、班のなかで見分けがつきやすいよう、児童・生徒ごとに付箋の色も決めています。すると、「3班の青の付箋だから、○○さんだね」とひと目でわかるようになります。名前は書かせるようにしていますが、名前がなくてもわかる仕組みを作っています。

Chapter 5

クラス活動が変わる！　学級経営への活用法

138

▶ **効率よく振り返るためのルール**

- ・班ごとに使うページ（フレーム）を決める
- ・児童・生徒ごとに付箋の色を決める

▶ **班ごと、児童・生徒ごとにルールを決めて付箋を貼る**

名前を書かなくても分かる仕組みを作っておくと、ひと目で振り返りができて便利です

## ⊙ 教師の準備は白紙のフレームを作っておくだけ

教師が行う毎日の準備は、授業の最後の振り返りのために、タイトルだけを変更したフレームを作っておくことだけです。上記の例なら、Jamboardのコピーを作成し、「夏の言葉集め」を「夏の植物さがし」などに変えるだけの準備です。それ以外は児童・生徒たちの付箋が貼られるだけのスペースを用意し

ておけばよく、もし何かつけ加えたいなら授業中に一緒に作ればよいだけです。教師の負担が増えると長く続きません。児童・生徒と一緒に毎日行うことで、ポートフォリオ評価になり、子どもたちが自分自身で成長に気づくようになります。

## 👍 ワンポイント クラス目標に付箋を活用

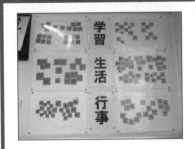

本校の他のクラスでは、クラス目標にJamboardの付箋を活用しています。「学習」「生活」「行事」といったテーマごとに、児童・生徒の考えを集め、それを印刷して壁に貼りつけることで、いつでも眺められるようにしています。

デジタルとアナログの組み合わせがいいですね

## 付箋だけを使った校内研究

私は校内研究の成果と課題もJamboardの付箋のみで振り返りをしています。どの学校でも画用紙か紙の付箋に書くことが多いと思いますが、私はJamboardにしてからたくさんの成果と課題を書くことができるようになりました。色で分けたり、配置場所を変えたりすることで、課題もどんどん書けるようになり、校内研究の質が深まりました。

### ▶ 校内研究の「成果」と「課題」を付箋で振り返る

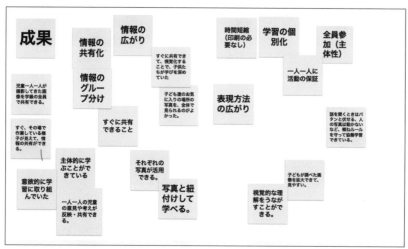

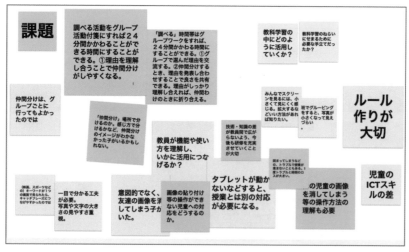

教師自身のアウトプットにも付箋は大活躍します

# Lesson 46

[アプリの便利な使い方]

# クラスみんなが盛り上がる
# 絵しりとりのススメ

**このレッスンの
ポイント**

シンプルに紙とペンを使ってできる単純なゲームでも、オンライン上で行うと体感3倍くらいは盛り上がります。例えば、絵しりとりは、鉛筆を使うよりもオンライン上のほうが描きにくい場合が多く、逆にうまく描けないほうが盛り上がるのです。

## → 描くものはなんでもよい

絵しりとりは、紙と鉛筆があればできる、シンプルだけど盛り上がる遊びです。描くものはなんでも構いません。タブレットのペンを使う必要もなく、指で描いてOKです。Lesson 33でも紹介した通り、私はJamboardで行っていますが、スライドでもよいと思います。ドキュメントやスプレッドシートでは描きにくいですが、それはそれで盛り上がります。

### ▶ Jamboardで絵しりとりをやってみよう

描きにくいほうが
盛り上がります

## → 制限時間を子どもたちの様子に応じて変化させる

制限時間は短めのほうがよいですが、短すぎると何も描けないことがあります。子どもたちの様子を見ながら、どれくらいの時間にするか、教師が決めるとよいです。下手だからこそ盛り上がります。よい塩梅の時間を設定することをオススメします。ちなみに私の経験では、20秒くらいがオススメです。

## → 教師主導ではなく、子どもたちに自由にやらせる

慣れてくれば、班遊びとして自由に行わせます。時間も自分たちで決めさせます。「先生、これ何に見える?」など、夢中になって絵を描きます。みんなでワイワイ絵を描いていると、子どもたちの仲もよくなっていきます。教師が主導するのではなく、学習者を中心に実施するのがポイントです。

▶ 遊びとして自由に行わせたときのもの

Jamboardの付箋機能以外をどう使ったらいいのか迷ったら、絵しりとりをオススメします!

Chapter

# 6

# 業務効率化で
# 働き方改革！
# 校務活用の
# ススメ

Google for Educationは教職員の働き方改革にも役立つソリューションです。ここでは、私たちがどのように業務効率化に活用しているのか、事例をご紹介します。

Lesson
# 47

[アプリで校務改善]

# 音声通話・画面共有で
# 効率的なオンライン職員会議を

**このレッスンの
ポイント**

Meetの「画面共有」機能を使えば、手元の資料を参加者全員で同時に閲覧することができます。この機能は職員会議に有効で、従来のようなプリント配布の手間と時間が大幅に削減され、ペーパレス化の第一歩になります。ここでは私が普段行っているやり方を紹介します。

## → Meetを使った職員会議では画面共有機能が便利

Meetを使うメリットは多数ありますが、校務で使う場合に便利なのが「画面の共有」機能です（Lesson 17）。これはビデオ会議の参加者全員に、自分のパソコンの画面を表示できる機能です。何かを説明したいとき、手元にある資料を参加者に見せながら話すことができます。特に、職員会議などでは、その日の提案内容を画面共有しながら話すとスムーズに進められます。例えば、ドキュメントやスライドにまとめた資料、参考になりそうな動画など、自分の端末に映る画面なら、何でも共有できます。

また、同じ職員室に全員いるのであれば、カメラやマイクをオンにする必要はありません。見せたい資料だけを画面共有して、口頭で説明すればよいのです。もし、出張などで遠隔の職員がいたとしても、必要に応じてマイクのみオンにしておくだけで、十分コミュニケーションが取れます。

紙を印刷して配ったり、パソコンの画面を覗き込んでファイルを見てもらうといった手間が一切なくなります。Meetにつないでおけば、すべてペーパレスで済み、時間も節約できます。

▶ 画面の共有でアンケートの内容を説明している様子

プリントを用意したり画面を覗き込んだりする手間を減らし、時間を節約できます

# 画面共有しながらどのように説明する？

例えば私は、前ページの図のように、全校に実施する読書アンケートをFormsで作り、Meetで画面共有しながら説明しました。Classroomに「職員室」という教職員専用のクラスを作成していますので、ストリームから資料のリンクを貼りつけて共有しておきます。また、15分の職員夕会の前に「インターネット環境でパソコンを開いておいてください」といった放送も入れておくようにしています。こうすることで、資料にも事前に目を通してもらえますし、画面共有したときの説明もしやすくなります。

オンライン職員会議といっても、各々の席に座りながら、各々の端末で画面共有した資料を見てもらいながら説明します。私はほかにも、Classroomの使い方、Jamboardの共有の仕方、一斉休校があったときのMeetのつなぎ方などを説明したことがあります。画面共有で資料を見せたり、肝心な部分を拡大しながら説明できるので、伝わりやすいです。ICTに不慣れな教師でも、同じような説明の仕方をクラスで行えば無理がないですし、何より使い慣れていくことで、休校時への対応もしやすくなります。特に、Meetを使ったコミュニケーションはコロナ禍のような休校時にはとても重要です。

## ▶ Classroomから資料を共有、事前の連絡をしておこう

職員室のクラスも活用しましょう！

# 教職員の業務改善と働き方改革の一助に

いままでならプリントを印刷・配布する手間がありましたが、Meetの画面共有によってそれらが一切不要となりました。これだけでも、ちょっとした時間が捻出されます。

そういった小さな時間の積み重ねが、業務改善につながっていきます。積み重なることで時間が生まれ、教員同士がゆったりとコミュニケーションを取る時間が増えたり、授業の準備に時間を充てられるようになっていきます。休日出勤もなくなり、家族と一緒に過ごす時間も増えます。

そうすると仕事が「追われるもの」から「追いかけていくもの」に変わっていき、よい循環で回っていきます。「そんな些細なことが？」と思われるかもしれませんが、小さな業務改善の積み重ねが自分自身を高めていってくれていると実感しています。

Lesson
# 48

[アプリで校務改善]
# 大量の写真を効率的に管理できる
# Googleフォトで写真共有しよう

**このレッスンの
ポイント**

**Google**フォトは、「見たい、見せたいときにすぐに見つけられる」と言えるほど便利な**写真・動画用のクラウドストレージ**です。**写真の管理、編集、共有が簡単にできます。**ドライブでもよいですが、**写真はここに入れていくことをオススメします。**

## → 入れるだけで日付ごとに管理。他のアプリですぐに使える

写真の整理はいつかやろうと思っていても、なかなか難しいですよね。実は私もそうでした。しかし、いまではGoogleフォトに写真を入れているだけです。なぜなら、Googleフォトに写真をドラッグアンドドロップするだけで保存できる手軽さ、さらに保存した写真が撮影した日付ごとに振り分けられ、キーワ

ードから検索できる点が秀逸だからです。
また、スライドやドキュメントなど、他のGoogle Workspace for EducationアプリにもGoogleフォトに保存済みの写真を挿入して使えるのは、とても便利です（次ページ参照）。

### ▶ Googleフォトの画面

写真を保存すると、自動的に年月日で整理されて見やすい

#  AIが優秀！ キーワードや場所での検索もできる

下図はGoogleフォトの検索バーから「理科」と検索したときにヒットした写真です。検索キーワードからすぐにその場面だとAIが判断した写真が表示されます。授業で昔撮った写真を見せたいが、いつ撮影したか忘れた場合は、「黒板」や「体育館」などと検索するだけで、すぐにお目当ての写真を見つけられたことが何度もありました。

自分の撮りためた写真を授業前や授業中にすぐに見せられることが多くなりました。また、より具体的な場面や風景を素早くチョイスできるため、実際の空気感を伝えやすくなることが多くなりました。

また、地名やスポット名でもキーワード検索できるので、社会科見学や移動教室、他校の研究授業などで出向いた場所名で検索するだけで、日付ごとにまとまったそのときの写真を検索できます。

▶「理科」で検索したときの結果

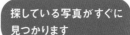

探している写真がすぐに見つかります

## 👆 ワンポイント 他のアプリからGoogleフォトの写真を使う

スライドやドキュメントには画像を挿入できる機能がありますが、Googleフォトから写真を選んで挿入することもできます。どちらのアプリもメニューから［挿入］→［画像］→［フォト］を選択すると、画面右にGoogleフォトが表示されるようになるので、挿入したい画像を選択するだけでOKです。Googleフォトで写真を管理しておくと、使いたいときにすぐに取り出せて便利です。

## 編集機能も多彩。コラージュ写真も簡単に作れる

Googleフォトには、フィルタの使用、明るさや色の調整、トリミングや角度調整など、校務で活用するには十分すぎる編集機能が備わっています。私はほとんどこのアプリでしか編集しなくなりました。また、細かい調整はできませんが、下の図のように

コラージュも写真を選択するだけで自動作成できます。似たような写真をまとめるのに、この機能はとても便利で、重宝しています。児童・生徒たち社会科見学の写真をコラージュでまとめていました。

### ▶ Googleフォトの編集機能

写真を開いたときに上部に表示される［編集］をクリックすると、フィルタをかけたり色や明るさを調整したりできる

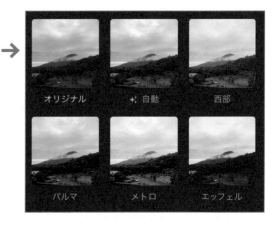

### ▶ コラージュ機能

Googleフォトのトップ画面上で、写真を複数選択し、右上の［＋］→［コラージュ］をクリックすると、自動的にコラージュが作成される

［アルバム］をクリックすると、選択した写真をアルバムにまとめることができる

# アルバムを作って共有すると便利

アルバム作成機能を使えば、行事やイベントごとに複数の写真をまとめておけるので便利です（前ページの［アルバム］から作成可能）。アルバムごとに共有リンクを作成できるので、メールなどで見せたい相手に共有リンクを送信すれば、何千枚あったとしても、すぐに共有できるところも使い勝手がよく重宝しています。

私はそうして作成したアルバムの共有リンクをQRコード化してスライドに写し、保護者会で写真を見ていただいています。また、下図のように6年生の移動教室のさいには、現地から撮影した写真を教職員がGoogleフォトにアップし、保護者にリアルタイムで見てもらうこともできました。保護者からは喜びの声をたくさんいただき、テクノロジーのよさを実感してもらったと思っています。

「写真がダウンロードされて困るのではないか」「公開や共有はいかがなものか」など、いろいろと心配になる点はあると思いますが、私は現在、以下のように写真を保存する場所を分けて、対応しています。本校は島嶼部のため、写真屋さんが入って撮影することが少ないという実態もあります。

▶ **写真を保存する場所の使い分けとルール**

- **Google ドライブ**：共有する場合は「閲覧者」で共有、ダウンロード不可（日常の写真など）
- **Google フォト**：アルバムごとに共有する、ダウンロード可（大きな行事の写真など）

▶ **移動教室のアルバムを作り、リアルタイムで保護者と共有**

離れた場所から子どもたちの様子がわかる！保護者の方ににも喜んでいただけました！

## Lesson 49

[校務システム]

# 各種アンケートを自動集計！
# Formsで業務を最適化しよう

このレッスンの
ポイント

お便りやプリントを配って集め、出していない人には声をかけて、手作業で集計する。こんな手間のかかることはもうやめましょう。Formsでアンケートを取れば、自動集計ですぐに終わります。業務の最適化にFormsは欠かせません。その活用例をいくつかご紹介します。

## 出欠用フォームの回答をスプレッドシートに出力する

Formsの回答欄に表示されるボタンをクリックすると、アンケート結果がスプレッドシートに一覧表示されます。下図はFormsで作成した児童・生徒の出欠連絡用フォームの回答をスプレッドシートに出力し、別シートに拡大表示して職員室のディスプレイ画面で表示しているところです。担任が確認してチェックを入れたら、色が変わるようにしてあります。保護者からForms経由で欠席連絡が届けられれば、職員室に戻ってくる必要がなく、教室でもどこでも確認できます。また、欠席の情報を他の教員にも共有することができます。

### ▶ 出欠連絡用フォームからディスプレイへ

Formsの回答欄から
スプレッドシートに出力できる

Formsへの回答をスプレッド
シートに出力すると、使い道が
ぐんとひろがります

# 無記名のアンケートでもメールアドレスで把握できる

保護者向けのアンケートの種類によっては、「無記名で出してもらうが、管理者として誰が回答したか把握しておきたい」といったケースもあるでしょう。下図のように学校からGoogle Workspace for Educationのアカウントを配布している場合、Forms の設定で［メールアドレスを収集する］にチェックを入れると、自動で回答者のGmailアドレスが収集できます。これにより、誰が回答したのかをアドレスと照合して把握することができます。

▶「メールアドレスを収集する」にチェック

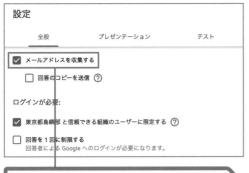

Formsの設定でここにチェックを入れておく

回答者がメールアドレスで表示される

# 未回答者にメール通知で催促できるのも便利

ほかにも、Forms右上の［送信］ボタンからアンケートフォームを回答者に共有すれば、メールアドレスを収集しているので、図のように未回答者も回答ペ ージに表示されるようになります。右上の［メール通知を送信］からメール通知で回答を催促することもできます。

▶ 未回答者がわかる、メールで催促できる

回答欄には未回答者のメールアドレスが一覧表示される。［メール通知を送信］から催促メールが可能

アンケートの集まりがよくない場合に便利

# → 学校事務もFormsで効率化

物品の発注依頼、出張費の申請、郵券の管理などの事務作業はすべて、Formsからの入力に移行できます。例えば本校では、学校物品の発注を以下のような流れで行っています。

Formsに入力された回答結果を、このレッスンの冒頭で説明したように、スプレッドシートに書き出して使用します。

メールが届く仕組みはGoogle Apps Script（Lesson 13）でスクリプトを作成し、動作させる必要がありますが、それ以外はFormsとスプレッドシートの確認だけで行うことができます。校務への活用はアイデア次第でさらに広がると感じています。

## ▶ 物品の発注

①理科の物品を頼みたい学年の担当者が **Forms** に入力。決済者に報告
②決済者はスプレッドシートに載っている注文情報にチェックを入れる
③チェックが入ったものは、事務担当者に**メール**が届く
④事務が確認後、発注する

## ▶ 物品発注Formsに入力された情報をスプレッドシートに出力する

Formsを使いこなせばさまざまな業務改善に生かすことができます

# テンプレートギャラリーへ保存しみんなで使おう

毎年使うアンケートや他のクラスや学年でも使えそうな授業の振り返りシート、テストを作成したFormsなどは、テンプレートギャラリーに保存しておきましょう。そうしておくと、Formsの[新規作成]

→[テンプレートから]の欄に表示され、組織内の誰でも使えるようになり、利便性が向上します。再利用できそうなフォームはどんどん保存しましょう。

▶ テンプレートギャラリーに再利用したいフォームを保存する

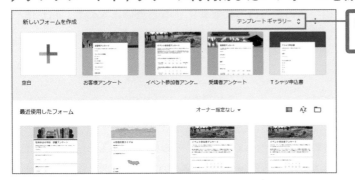

> Formsを開き、右上の[テンプレートギャラリー]を開く

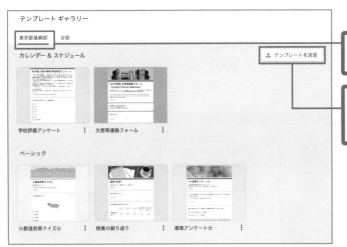

> 学校組織名（自治体名）がついたタブを開く

> [テンプレートを送信]をクリックして、再利用できるフォームを組織の財産として保存しておく

> イチから作る手間が省けるのでオススメ！

Lesson

# 50

[校務システム]

# 空き教室の確認と予約も
# スプレッドシートでラクラク管理！

このレッスンの
ポイント

> 本校では、スプレッドシートを使って校庭や体育館、理科室などの空き状態を教職員全員で把握し、効率よく予約できるシステムを運用しています。情報担当の教員の方に参考になると思いますので、私が作成した特別教室の予約表をご紹介します。

## → いつでもどこでも確認、予約できる

急に空き教室を使いたいとき、バタバタと職員室に確認しに行くなんてこと、よくありませんか？ スプレッドシートを使って空き教室の状況を一元管理してしまえば、その煩わしさからも解放されます。端末さえあれば、いつでもどこでも空き状況を確認して、すぐに予約できるようになります。

### ▶ 特別教室の予約表

【令和３年度】特別教室 予約表＿三根小学校

ファイル 編集 表示 挿入 表示形式 データ ツール アドオン ヘルプ　最終編集: 数秒前

| | A | B | AG | BK | CP | DT | EY | GD | HH | IM | JQ | KV | MA | NC |
|---|---|---|---|---|---|---|---|---|---|---|---|---|---|---|
| 1 | | 3月 | 4月 | 5月 | 6月 | 7月 | 8月 | 9月 | 10月 | 11月 | 12月 | 1月 | 2月 | 3月 |
| 2 | | 1日(月) | 1日(木) | 1日(土) | 1日(火) | 1日(木) | 1日(日) | 1日(水) | 1日(金) | 1日(月) | 1日(水) | 1日(土) | 1日(火) | 1日(火) |
| 3 | 1時間目 | ▼ | ▼ | ▼ | ▼ | ▼ | ▼ | 6年 ▼ | ▼ | ▼ | 6年 ▼ | ▼ | ▼ | ▼ |
| 4 | 2時間目 | ▼ | ▼ | ▼ | ▼ | ▼ | ▼ | 6年 ▼ | ▼ | ▼ | 6年 ▼ | ▼ | ▼ | ▼ |
| 5 | 3時間目 | ▼ | ▼ | ▼ | ▼ | ▼ | ▼ | 5年 ▼ | ▼ | ▼ | ▼ | ▼ | ▼ | ▼ |
| 6 | 4時間目 | ▼ | ▼ | ▼ | ▼ | ▼ | ▼ | 5年 ▼ | ▼ | ▼ | ▼ | ▼ | ▼ | ▼ |
| 7 | 5時間目 | ▼ | ▼ | ▼ | ▼ | ▼ | ▼ | ▼ | ▼ | ▼ | ▼ | ▼ | ▼ | ▼ |
| 8 | 6時間目 | ▼ | ▼ | ▼ | ▼ | ▼ | ▼ | ▼ | ▼ | ▼ | ▼ | ▼ | ▼ | ▼ |

手元の端末で確認から
予約までが行えます

##  スプレッドシートが得意な先生、情報担当の方はお試しを

Excelやスプレッドシートが得意な方や情報担当の方なら、簡単に作成できると思いますので、予約表の特徴を説明します。

本校では下図のように、各教室をシートごとに分けて管理しています。シート内の仕様はまったく同じです。月表示の上部の [＋] ボタンをクリックすると、その月の日にちが展開されて表示されるようにしています。色つきセルが予約の入っている時間帯、白

いセルが空いている時間帯です。空いているセルにあるプルダウンをクリックして、自分の担当する学年を選択します。すると、各学年ごとにカラーで色分けされ、どの教室を何年生が使っているかすぐにわかります。また、全体をぱっと見渡せるように、見たい情報を1ページ内に入れていく、という基本スタンスで作成しました。Excelやスプレッドシートが得意な方はぜひご参考にしてください。

### ▶ 作成しておくとすごく便利です

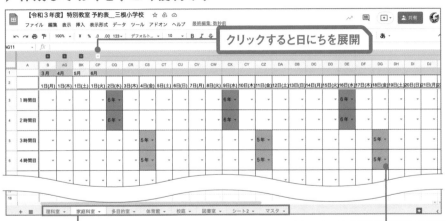

##  校務で便利！　と感じさせることが大切

この予約表はとても喜ばれ、すぐに教職員全体に浸透しました。アナログ手法で行っている校務はたくさんあると思います。学校の状況や必要に応じて変えていけばよいと思います。

情報担当はとにかく、授業での有効活用をシェアしたくなりますが、ICTが得意ではない先生方には「私には難しいなぁ」と思われてしまうことも少なく

ありません。それよりも校務で「これは便利だな！」と感じてもらえる仕組みを作ることのほうが大切だと感じています。

そうすれば、Chromebookなどの端末やGoogle Workspace for Educationの活用頻度が増えていき、操作にも慣れていただけるのではないでしょうか。

Lesson
# 51

[校務システム]

# Googleサイトを利用して
# 教職員でナレッジを共有する

このレッスンの
ポイント

授業の課題、保護者向けのアンケート、校務システムなど、全職員が共有しておくべきファイルは多種多様です。そうした校内の情報をわかりやすく整理して共有できるのが校内ウェブサイトです。Googleサイトを使えば、情報共有のためのウェブサイトが簡単に作れます。

## すぐに見たいものが見つかる。活用方法や教材も集約できる

校務で使うファイルをウェブサイトに整理しておけば、すぐに見つけてもらえます。下図は本校の校内ウェブサイトです。Formsやスプレッドシートで作成したファイルが表示されており、矢印ボタンをクリックすると、新しいタブでそのファイルを開くことがで

きます。また、授業で使ったファイルや活用事例、使い方を説明した動画も埋め込むことができるので、わからないことを調べたり、それを参考に授業に活用してもらうこともできます。

▶ 筆者の管理する校内ウェブサイト

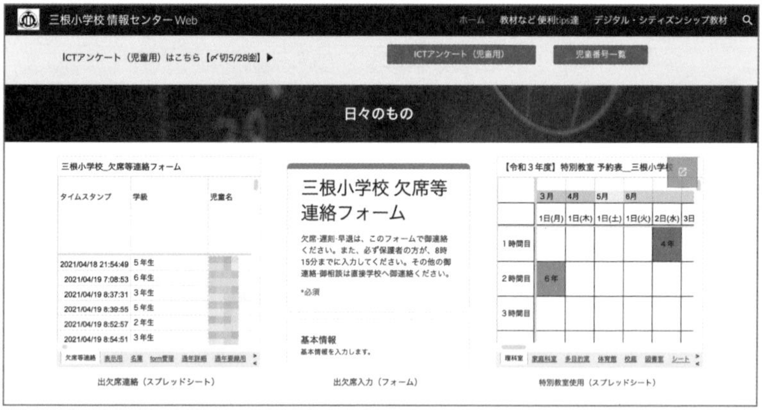

Googleサイトで
作成した本校の
校内サイトです

# (→) 作るのは簡単。テンプレートを編集して作成しよう

Formsと同様、Googleサイトにも豊富なテンプレートが用意されています。テンプレートギャラリーを開いて、目的に合いそうなものを選び、それを書き換えて作ると簡単です。

テンプレートを選ぶと編集画面になります。下図のようにテキストや画像を差し替えて、作成しましょう。

右の欄にメニューが並んでいますが、ここからドライブにアクセスして、画像やドキュメント、スライドなどのファイルを挿入できます。作成したウェブサイトは、右上の [公開] ボタンをクリックすると、校内で閲覧できるようになります。

### ▶ テンプレートを編集すれば簡単に作れる

> Googleサイト右上の [テンプレートギャラリー]をクリックし、テンプレートを選択しよう

> テキストは上書きで変更可能。画像は右クリックして [⋮] → [画像を置換] → [画像を選択]からドライブ内の画像と差し替え可能

> 右のメニューにある [ドライブ] をクリックすると、ドライブ内のドキュメントやスライドなどを埋め込むことができる

# (→) 公開範囲を自由に設定できる

Googleサイトは情報共有に特化した、いわゆる社内サイトを作ることを目指して作られています。したがって、公開範囲も他のアプリと同じように、特定の人や組織に限定して公開することができます。校内サイト利用者を限定することにより、児童や教職員のアカウント情報などの個人情報も安心して掲載することができます。

# ⚠ COLUMN

## 大容量でもファイルは迷わずドライブへ

写真や動画などの大容量データを外付けハードディスクに保存していたり、授業用の資料を職員室の共有サーバーにバックアップしているという話を耳にします。しかし、ハードディスクは万が一破損するリスクもあり、全データを失う恐れもあります。また、物理ドライブは容量が限られているため、動画などの大容量データをむやみに入れておくのも気が引けるのではないでしょうか。

そんな方は、迷わずドライブにファイルを保存し、管理する習慣をつけましょう。

ドライブ内でファイルを扱うとよいことがあります。Lesson 08で触れた通り、データが現時点で無制限であること（2022年7月以降、1組織につき100TBまで）は大きな魅力です。また、データセンターも世界各地にあり、安全性も担保されています。クラウド・バイ・デフォルトの考え方からも、積極的に活用していくべきです。もちろん、個人情報の扱いは自治体ごとのルールに則る必要があります。

ドライブにあらゆるファイルを入れておけば、クラウドを介し、手元の端末からいつでもアクセスできます。Google Workspace for Educationアプリのファイルだけではなく、写真や動画、Officeのファイルだって構いません。Officeのファイルはドライブからダウンロードすれば、Officeで開けるようになります。

ドライブにあらゆるファイルがあれば、「学校でしか仕事ができない」から解放され、「いつでもどこでも仕事の続きができる」状態になるのです。こうした経験や積み重ねが、本当の働き方改革につながっていくのではないでしょうか。共有機能はそのファイルのリンクを介して行われるので、どんなに容量の重いデータでもすぐにメールやチャットを使って相手と共有することができます。権限を「編集者」として共有すれば、同じデータファイルを直接共同編集できるので、同じタイトルの別バージョンがどんどん増えていくこともありません。

さまざまなメリットがあるGoogleドライブ。みなさんはまだ、物理ドライブを使用しますか？

ファイルの一元管理先として大変便利です！

# Chapter

# 7

# 担当者必読！
# 「もしも」の
# ときの対処法

GIGAスクール構想の浸透によって、教師も児童・生徒も、保護者もまったく新しい環境で学ぶことになりました。変化に課題はつきものです。どのように対応したらよいのか、一緒に考えましょう。

Lesson
**52**

［教師の心がまえ］

# 教師主導ではなく
# ともに学び、成長する姿勢が何より大切

このレッスンの
ポイント

ここまで本書で紹介してきたGoogle for Educationの活用方法をすべて教師が理解し、授業や校務に活用するのは至難の業です。著者3人は「子供とともに学び、成長する」ことを大切にしています。この章のはじめに、まずはその基本姿勢について説明します。

## 🠒 教師主導ではなく、学習者中心の授業を

下図は教師主導と学習者中心のICT利活用授業を比較したものです。従来のICT利活用授業は、教師が操作方法をステップ・バイ・ステップで指導することが多く、操作が得意な子にとっては進みが遅いので、不満が溜まる傾向にありました。一方、教師のほうでは操作が苦手な子を個別に指導しなくてはならなかったので、負担が重いという問題もありました。

それに対し、端末の持ち帰りやICT自由度の高い学習者の日常利用が進めば、技術の指導やトラブルは自然となくなっていきます。子どもの自律性が育てば、

教師の負担も軽くなります。

本校でもこんな声をよく耳にするようになりました。

教師「（操作が）わからない人がいたら教えてあげて!」

児童「先生。〇〇（操作方法など）はこっちのほうが早いよ!」

デジタルネイティブと言われる時代に生まれてきた子どもたちです。彼らを信じて任せてみましょう。私は、教え合いや学び合いの場面が増え、改めて子どもたちを褒める機会が増えたと感じています。

### ▶ 教師主導と学習者中心のICT利活用授業

教師主導
• 教師が統制
• ステップ・バイ・ステップでムダな時間が生じやすい
• 教師負担は重い

学習者中心
• 児童生徒が各自段取り
• 自律を育てないと任せられない
• 教師負担は軽い

教師の心がまえとして大事にしたいですね

出典：豊福晋平先生「1人1台時代のICT活用とデジタル・シティズンシップ研修」プレゼン資料をもとに作成

Lesson
# 53
[壊す、壊れる問題への予防線]
## 端末の利用頻度が上がれば
## 自然と大切にするようになる

このレッスンの
ポイント

1人1台端末が浸透していくなか、予防線を張っておきたいのが、端末の扱い方についてです。自分の端末を大切にするようになってもらうよう、児童・生徒をどう導いたらいいのか。ここでは教師にとってのマインドセットにもなるよう、**根本的な考え方**について説明します。

## → よく使うもの、便利なものは大切にされる

はじめに、2つの例を挙げてみます。

販売促進のために、街中で無料で配られていた当たり障りのない機能のボールペンと、名前を刻印して自分へのご褒美として買った書き味のよい1000円のボールペン、どちらを大事にしますか？　答えは聞くまでもないと思いますが、後者のボールペンでしょう。

タダで与えられて、あまり役にも立たず、替えがきくものは大切にしないのが人間の心理です。反対に、欲しくて、役に立って、替えのきかないものは大切

にします。「端末を大切にしよう」といくら言っても、この3つを満たしていないと大切にしなくなります。例えば、授業でまったく使わないのに、「大切にしよう」と言っても説得力がありません。GIGAスクール構想で配布された端末にも同じことが言えます。端末を渡すさいに、「貸与式」などをして出会いを特別なものにしながら、授業で活用し、役に立つんだということを実感させることがとても大切です。日常的に使う便利なものは、大事に扱うようになります。

### ▶ 大切にされるものとは

欲しくて、役に立って、替えのきかないものは大切にする

▶ 貸与式のときの様子

本校実施時の様子です。少しだけ厳かにセレモニーをしました

## ➜ 心持ちひとつでトラブルの受け止め方は変わる

「故障やトラブルは起こるものだ」というマインドセットを持っておくことも大切です。そうでないと、「またトラブルだ」「毎回毎回壊れて嫌になる」といちいち感情的になってしまうことになるからです。何か起きても「OK、OK」と受け止められるように、自分の心の状態を保っておくことが大切です。トラブルは起きることが当たり前である、という気持ちでいたほうが柔軟に、そして軽やかに対応できます。

特に、使いはじめの指導を丁寧にしましょう。学年や学期はじめに改めて指導することも大切です。赤ちゃんのように大切に運ぶ、付属品なども大切なもので、なくさないよう、壊さないようにするということも一緒に指導しましょう。

頻繁に使えば大切にするようになります。あまり使わないものはあまり大切にしません。自分にとって便利なもの、意味のあるものは大切にするようになります。だから、実は機器トラブルの根本対策は「よく使うこと」にあります。小さなことからちょっとずつ使用頻度を上げていくことが大切です。

▶ 自分にとって大切なものという心

| よく使うもの | よく使わないもの |
|---|---|
| 大切にされる | 雑に扱われる |

頻繁に使うことが、大切にする心を育てる

大切にするものはよく使うものです

# Lesson 54 [やらかし対応]

# GIGAスクール時代のやらかしには個人で抱えず、組織的な対応を

このレッスンの
ポイント

GIGAスクール時代、学校内で発生する問題は端末の破損というハード面だけではありません。インターネットという社会のなかで発生するソフト面の問題もたくさん起こりえます。オンラインで人に不快感を与えてしまうような行為にどう対応すべきか考えましょう。

## → 端末を持てば必ず起こる、GIGAスクール時代のやらかし行為

1人1台端末が実現してからは、本当にたくさんのことが起こります。大人でも新しい機器が導入されたら、ネットワークにつながらない、パスワードを忘れてしまう、充電を忘れてきてしまうなど、さまざまな問題に直面します。同じことが、子どもにも起こるのは至極当然のことです。そのようなハード面の問題が、ICT導入の初期段階では比率が大きいかと思います。

一方で、さらに大変になるのがソフト面の問題。オンラインで不適切な行為をやらかしてしまうという問題です。児童・生徒同士で誰かを誹謗中傷する投稿をした、禁止されているサイトを見た、不適切な画像を貼りつけた、授業中に動画を見るなど、いろいろな問題が起こりえます。

これらソフト面でのやらかし行為への対応について考えてみましょう。

### ▶ 2種類のやらかし行為

ハード面のやらかし

- 端末を雑に扱う
- 端末を壊す
- 付属品をなくす

壊す、壊れる、なくす

ソフト面のやらかし

- 誹謗中傷
- 禁止サイトを見る
- 不適切な画像を投稿する

人に不快感を与える

いままでと異なる
新しい課題が浮上
してきました

## → 情報の共有と対話、そしてスピード

やらかし行為が発生したとき、学校側がまずやるべきことは情報共有と対話です。「誰が、どこで、どのようなことをしたのか」、そしてそれは「どのようなところが問題なのか」を教職員の間で共有します。特に大事なのが「どのようなところが問題なのか」で、ここの擦り合わせが大事です。なぜなら、若手の教員にとってはあまり問題に思われないようなことも、ベテランの教員にとっては大問題に感じることがあるからです。世代間ギャップ、考え方の違いをなるべくフラットにできるよう、情報共有後には教員同士の対話を重ねていくことが大切です。

問題の核となる部分を共有できたら、スピード感をもって対応していくことも大切です。児童・生徒は日々端末を使って学習しています。教職員たちが悩んでいる時間や話し合っている時間にも、端末でいろいろな関わりをしています。だから素早い対応が求められます。

対話を重視しながら、素早く決定を下し、そして改善・修正を素早く繰り返していく。シンプルですが、このサイクルこそが大事だと思っています。学校によっても、学年によっても、担任の教師によっても、児童・生徒によっても、機器によっても、地域によっても状況が違います。前例も正解もないGIGAスクール時代の学校だからこそ、私たち教職員が考え、行動し、前例を作っていく立場にあるのです。

### ▶ 対話と素早い決断、そして改善を繰り返す

一番大事なのは「素早い修正」PDCAを早く回す！

対話

スピード（素早い決定）

決定

ICT端末が身近だからこそ、素早い対応が求められます

## → デジタル・シティズンシップをベースに考える

オンラインのやらかし行為について根本的に考えるべきは、「GIGAスクール構想では、どうして1人に1台の端末が配られたのか？」という大目的に立ち返ることです。

その大目的を考えるには、GLOCOMの豊福晋平先生がよくお話になる「デジタル・シティズンシップ」がたいへん参考になります。詳しくは豊福先生が共著でお書きになった『デジタル・シティズンシップ——コンピュータ1人1台時代の善き使い手をめざす学び』（大月書店、2020年）をお読みいただきたいです。簡単に言うと従来の「危ないから禁止」型のモラル教育ではなく、デジタル技術や思考を身につけ、自ら判断・行動できるように導くための指導方針です。本書でもたびたび「子どもたちを信じよう、任せてみよう」と述べてきたのは、このデジタル・シティズンシップの考え方がベースとなっているからです。

その上で、私がさらに読者のみなさんにお伝えしたいことは、デジタルネイティブの子どもたちが社会に出る前に、成功も失敗も含めて、デジタルに関するさまざまな経験をさせておく、ということです。それよりも、失敗させないことばかりに気が向いていませんか？ 学習の過程でつまずいた児童・生徒がいたとして、それは必要な（＝学びのある）失敗なのか、取り除くべき失敗なのかを、教師の側がよく考えておくことのほうが大切です。

### ▶ デジタルに関するさまざまな経験

大きな目標＝デジタル・シティズンシップ
「社会に出る前に失敗を経験させておく」

取り除いてあげるべき失敗？

必要な失敗？

そもそも学校は、安全に、芽が小さいうちに失敗をさせてあげられる場所

失敗の質についても教師は見極めておく必要があります

165

# Lesson 55　[やらかし対応]
## やらかす前、やらかした後も約束づくりと対話が重要になる

**このレッスンの
ポイント**

1人1台端末になると、オンライン上で人に迷惑をかけるような行為をやらかしてしまう子どもが出てきます。そんなとき、どう指導するのがよいでしょうか。学校内の情報担当者として、これまで私がどのように対応し、指導してきたのか経験を交えて説明します。

## ⊙ 利用目的を達成するための約束の確認

子どもたちは、もれなくオンライン上でやらかします。そのため、モラル面の指導やサポートは、ハード面の整備以上に重要だと考えています。
例えば、下図は本校の端末利用に関する同意書です。禁止事項だけが並ぶ同意書ではなく、利用目的を達成するための約束という形で作成し、同意してもらっています。学校の決まりと同じようなものですが、ルールだから守るのではなく、子どもにも保護者にもなぜ約束やルールが必要なのかを明示して理解してもらうことが重要だと考えています。

### ▶ 三根小学校端末利用についての同意書

```
学校提出用

八丈町Chromebook利用についての同意書
八丈町から貸与された Chromebook（PC端末）は、学校、家庭で使用します。

【三根小学校 Chromebook利用目的】
Chromebook を日常的に利活用し、扱う情報量を増やし、学習者の学びや表現方法の選択肢を豊かにする。

Chromebook の使用について
・毎日学校で使えるようにして（家で充電して）持って行きます。
・故障や破損があればすぐに保護者や先生に報告します。

個人情報の保護について
・他人の写真を撮ったり、音や映像を録音・録画する時は、相手の許可を得ます。
・自分や他人の個人情報をインターネットに公開しません。

人権侵害について
・相手を思いやり、傷つけたり、不快感を与えたりしないようにします。

著作権について
・他人の作品や表現を尊重し、使用するときには許可を得るようにします。

安全性（セキュリティ）やネットワーク上のルール、マナーについて
・インターネットで、不適切なサイトの閲覧や投稿を行わないようにします。
```

約束やルールを明示し
伝えることが大切です

やらかし行為への対応事例

本校での具体的なやらかし事例を紹介します。高学年の児童が他人のGoogleアカウント情報を用いて、自分の端末からログインするということがありました。これは、「乗っ取り」や「なりすまし」につながります。このような場合の対応は、丁寧に行う必要があります。

①担任からの聞き取り、管理職、情報担当（私）、生活指導と対応を協議する
②該当クラスのパスワードを一斉に更新する
③私と担任でクラス全体に向け、今回の件について対話を行い、新パスワードを配布する

③ではまず、何が問題点なのか、話をしながら考え、意見を出させました。ここで大切なのは、対話する姿勢を心がけることです。やらかした児童はいけないことだとわかっていました。自分の名前で勝手に書き込みをされるのは、居心地が悪いということを理解していました。また、対話の最後には、デジタル・シティズンシップ教育の第一人者である今度珠美氏からのアドバイスを受け、図のようなスライドを紹介しました。

「オンライン空間は自然のなかと同じような公共空間であり、マナーを守れる人だけが楽しめる場所」
「他者に敬意を払わなければならない」
という2つのことを伝えました。
対話を行った後、児童は誰にも見られないよう、大切そうに新パスワードを受け取っていました。

▶ 対話のさいに使用したスライド

オンライン空間は公共空間なので、公共のマナーを守らないといけない。

あなたも他者に
敬意を払わないといけない

 気持ちに寄り添う対話を

問題が発生したとき、端末を取り上げたり、使用を禁止することは簡単です。しかし、「マズイことがあると先生に取り上げられるモノ」になってしまうと、それ以上の軋轢が生まれてしまいます。
子どもも（実際には私たち大人も）やってはいけないことだとは思っていても、「やってしまおうか……、いやだめだ」というジレンマを抱えて生きています。その気持に寄り添って対話を丁寧にしていくことが、端末利活用の未来を決めるといっても過言ではないと私は思っています。

# → デジタル・シティズンシップ教育の推進

近年、「デジタル・シティズンシップ教育」という言葉を耳にするようになりました。学校現場で積極的にテクノロジーの活用を推進してきたアメリカなど、諸外国を中心に提唱されている考え方です。

下図は、従来の情報モラル教育とデジタル・シティズンシップ教育の違いを比較したものです。いままでのネットモラル教育は「こういう危険なことが起こる可能性があるから気をつけよう」という、心情面や規範意識に働きかけるような指導方針が多かったように思います。そうではなく、「テクノロジーのよき使い手になることを目指し、安全かつ責任を持って行動するための理由と方法を学ぶ」といった方針を取るのがデジタル・シティズンシップです。1人1台端末時代のいま、私はこの考え方のほうが、理に適っていると強く感じます。

## ▶ 情報モラル（教育）とデジタル・シティズンシップ（教育）の比較

| 情報モラル（教育） | デジタル・シティズンシップ（教育） |
|---|---|
| 情報社会の特別な道徳・態度 | 社会に必要な市民生 |
| 心情・態度の育成 | 社会的責任・共通理解 |
| 〜しない・〜できる・〜しようとする | 〜を考える（検討する）・〜を議論する・〜について対話する |
| 安全、健康、道徳（徳目） | 市民性・社会性・公共性（公共道徳） |
| 日本限定 | 世界標準（ローカライズは可能） |
| 専門的・詳しい人物による「指導」 | 普遍的・誰もが公平に「参加」 |
| 教師による注意喚起・しつけ | 教師の模範的行動／態度の表明と社会 |
| 情報社会の「影への対応」 | 社会への積極的な「参画」 |
| 行動主義的・教師中心主義的・教授指導（学習者は教えられる側の子どもと規定） | 社会的構成主義的・学習者中心主義的・対話型学び（学習者を社会の一員と規定） |
| 危険、恐怖、不安等の負の刺激のインプット | 視野の拡大による気づきのアウトプット |
| 悪行や過失とその帰結のインプット | 最適解（最善策・最善の選択）のアウトプット |
| 1話完結型の学習 | オープンエンドの学習 |
| 他律的 | 自律的 |
| 抑圧的・ブラックリストの提示 | 促進的・ホワイトリストの発見 |
| テクノロジーの利活用に対して消極的 | テクノロジーの利活用に対して積極的 |

出典：坂本旬、豊福晋平、芳賀高洋、今度珠美、林一真『デジタル・シティズンシップ——コンピュータ1人1台時代の善き使い手をめざす学び』大月書店、2020年　より引用

Lesson
# 56
[ネット依存]
## 依存に影響するものを考え
## 家庭での約束づくりを行う

このレッスンの
ポイント

端末の持ち帰りが始まると、保護者からまず挙がるのは「パソコンばかり見ているんですが……。依存してしまうのでは？」という声です。私は保護者の方に、家庭での約束づくりをサポートしています。どのようなことか、詳しく解説します。

## → ゲーム障害の基準から、日常のなかの依存を考えてみる

子どもたちが夢中になるものの代表例として、ゲームが挙げられます。2019年、WHO（世界保健機関）による国際疾病分類の最新版「ICD-11」[※1]で、いわ

ゆるゲーム依存が「ゲーム障害」の病名で認定されました。ゲーム障害は次のように定義されています。

**ゲーム障害の特徴**

- ・ゲームすることを制御できない（例：開始、頻度、強度、期間、終了）
- ・ゲームが他の人生の利益や日常の活動よりも優先される範囲で、ゲームの優先度を上げる
- ・否定的な結果が発生したにもかかわらず、ゲームの継続をしたり、さらにのめり込んだりする

**重症度**

ゲームが個人的、家族的、社会的、教育的または他の重要な機能領域に重大な障害をもたらす

**期間**

上記と左記の４項目が、12ヵ月以上続く場合に診断する

つまり、1日や1週間ほどの期間、長時間ゲームをしているからすぐに病気だ、依存だと心配するのではなく、まずこのような基準もあることを教育者が知っておくことが大切です。
むしろ、私たち大人が気をつけておくべきは、子ど

もたちの日常のなかにあるのではないでしょうか。その前段階には、子どもの日常のなかにゲームやネットへ依存する因子が潜んでいるのではないかと考えておくことです。次ページではその点について掘り下げます。

※1：https://icd.who.int/en

## → 子どもの家庭環境や実体験が大きく影響する

子どものネット依存に大きな相関関係があるのは、下記の点が大きく影響すると今度珠美氏は述べています[2]。

①はスポーツをしたり、芸術に触れたり、自然のなかを歩いたりと他の文化的な経験や体験を楽しめている子は、「楽しいもののなかの1つ」にネットやゲームがあるので、依存する傾向は低いということ

です。②は親や兄弟のネット、スマートフォンの習慣がそのまま影響を与えるということです。③は子どもの話を家庭で傾聴、受容、共感される環境が整っているかということです。これら3点が整っていれば、子どもが自分だけでゲームやネットの世界に入り込んでしまうことは少ないと言われています。

**ネット依存へ影響するもの**

> ①子どもの文化資本の格差
> ②親の習慣、兄弟の影響
> ③傾聴、受容、共感される家庭環境があるかどうか

## → 保護者との約束づくり

ゲームやネットへの依存に家庭環境が影響するからには、ご家庭によっては福祉サポートとも関係してきます。ですから私は、学校内の情報担当者だけでなく、コーディネーターや関係機関とも連携し

て伝えていくものだと思っています。上記3つのネット依存への影響を考えた上で、私は今度氏の見解をもとに保護者会で次のような約束を提案しました。

**家庭での約束づくり**

> ・基本的には自治体のSNSルールに則った約束づくりをする
> ・時間の約束より、行動と結びつけた約束づくり
> ・子どもと関わり、約束の確認をする
> ・文化的な体験が大切であることを伝える

特に時間の約束はその日の行動によって変わるので、守るのは大人でも簡単ではないことをお伝えしました。「ご飯を食べているときはやめよう」「誰かと話している最中はやめる」など、行動に結びついた約束づくりが大切であることを強調しました。

また、約束が守れなければ叱るのではなく、振り返る。そして、約束が守れた場合は褒めるなど、対話をしてほしいこと。また、習いごとやスポーツなどに取り組み、文化的な体験に力を注ぐことも「依存」を遠ざける方法の1つであることを伝えました。

※2：今度珠美「コンピュータ1人一台時代のメディアとのつきあい方—情報モラル教育からの転換—」『授業づくりネットワーク No.37多様性を受けとめる教室～インクルーシブ教育を問い直す～』学事出版、2012年

# Lesson 57 [管理職・教委への理解]
# GIGAスクール時代だからこそ 管理職や教育委員会へのリスペクトを

**このレッスンの ポイント**

GIGAスクール構想にもとづく端末の浸透は、一部の教師だけががんばっても大きな前進にはなりません。学校組織や所属の自治体が一緒にその意義や実態を理解しながら、前に進むことが大事です。そのためにはどんなことができるでしょうか？

## → 2020年の激動

2020年3月から5月の間、新型コロナウイルス対策として、全国一斉休校が実施されました。そして、多くの学校が課題のプリントを配布することに留まった実状を受けて、日本政府も本腰を入れることとなり、GIGAスクール構想が前倒しで実施されました。

2020年度の補正予算額は2292億円に上り、同年5月11日には「この非常時にICTを使わないのはなぜ？」という文部科学省からの強いメッセージが出され、現場を鼓舞したことは記憶に新しいと思います。

## → 1人1台が実現するまでにはとてつもない尽力がある

全国一斉休校から大きな動きが起こり、各自治体が相当な尽力をして、いまの1人1台端末が実現しています。私たちの想像をはるかに超える手続きや交渉が行われて、1人ひとりに端末が与えられていることを肝に銘じなければいけません。給食を食べるときに、いただく命や生産者の方に「いただきます」を言うように、1人1台端末でも、ここまでして届けてくださっている方々に感謝し、敬意を払って使っていくことが大切です。

私は端末を使うさいには、そうしたリスペクトが前提にあると考えています。「管理職が……」「教育委員会は……」などと不満をこぼしていても何も改善していきません。互いが互いをリスペクトして推進していくこと。結果だけを見るのでなく、その過程を認めていくことが大切です。「結果ではなく過程を褒めましょう」と、教育現場ではよく言われます。子どもに対してだけではなく、大人に対しても同じことをしましょう。

お手元の端末を眺めてみて届けられた経緯に思いを馳せてみてください

### ▶ 尽力してくれた方々へきちんとリスペクトを

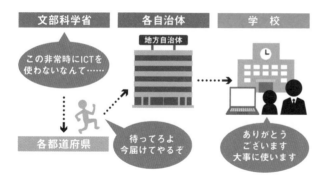

## → 知らないものは怖い

そしてもう1つ忘れてはいけないことが、「知らないものは怖い」ということです。アメリカの哲学者のエマーソンが次のような言葉を残しています。

「恐怖は常に無知から生まれる。知識は恐怖の解毒剤である[1]」

知らないサービス、知らない機能、知らないアプリ、知らない使い方、知らない用語、そういったものはどんなものかわからないものであり、どんなものかわからないものは怖いものです。子どものときを思い出せばわかるかもしれませんが、行ったことのない場所に行くときや初めて体験することは怖かったですよね。知らないものは怖いのです。だからまず

は知ってもらう努力をするべきです。体験してもらう、一緒にやってみる。そして上手くいくイメージを持ってもらうことに尽力しましょう。GIGAスクール構想が浸透するなか、もし管理職や教育委員会の先生とうまく対話ができていないと感じるときがあれば、お互いに知らないことが多いのだから当たり前だと自分に言い聞かせましょう。教育環境が変化するなか、私たちは知らないことに囲まれている状況です。お互いに、新しい教育環境のことをよく知る努力をし、対話を重ねる姿勢を忘れないようにしましょう。

### ▶ エマーソンの言葉

" 恐怖は常に
無知から
生まれる

知識は恐怖の
解毒剤である "

アメリカの哲学者
**エマーソン**

こうした認識があれば
相互理解が深まるのでは
ないでしょうか

※1：出典 Ralph Waldo Emerson "The American Scholar"
https://archive.vcu.edu/english/engweb/transcendentalism/authors/emerson/essays/amscholar.html

# Lesson 58 ［保護者への理解］
# GIGAスクール時代だからこそ保護者とともに歩む姿勢を

**このレッスンのポイント**

GIGAスクール時代をともに歩んでいくのは教師と児童・生徒だけではありません。子どもと一番寄り添って学んでいくのは保護者の皆さんです。だからこそ、保護者の目線に立って、GIGAスクール構想への理解を得ながら進めていく必要があります。

## → 指導は学校で、習熟は家庭で

指導は学校で、習熟は家庭にお願いする。これが教師にとっての基本スタンスです。学校で学んだことを繰り返させたり、指導を元にして何かを作ったりすることはよいのですが、新しく家庭に何かをお願いすることはしてはいけません。これは何もICTの知識や端末の操作に関わることだけではありませんが、こと保護者によって得意・不得意を抱えやすいものに対しては、配慮が必要です。

保護者のICTへの理解度や技能にはバラつきがあります。すごく長けている方もいれば、スマートフォン以外は触ったことがないという方もいます。ですので、家庭で子どもたちが自分自身で操作できるように指導をしていくことが学校の役割で、むしろ子どもたちが保護者に教えるくらい、一緒に端末を触ってもらうことが大切ではないかと思います。

▶ 基本スタンスはこのように考える

①学校で指導する → ②家庭で習熟

家庭で子どもが保護者に教えるくらいが丁度いいかもしれませんね

## → 保護者への周知が大切。学校から情報発信・共有をしよう

同時に大切なのが、子どもたちの学習活動を保護者に知ってもらうことです。日々、子どもたちのICT端末を使った学習活動を見てもらえるよう、Classroomのお知らせを見てもらったり、学習で作ったものを保護者に見せたりするような機会を作っていきましょう。ほかにも、学校のウェブサイト、学校・学年だより、学級通信などでも積極的に子どもの様子を伝えていきましょう。そうすることで「学校で何か知らないことをしている」状態から、「ちょっと知っていること」へ変わっていきます。学校から伝えないと、なかなか保護者の方々へ伝わっていきません。

子どもが困ったときに、家庭で助けてくれるのは保護者です。また、一斉休校などの措置が取られたときに、隣にいてくれるのは保護者です。だからこそ教師は、保護者とともに教育を進めていることを忘れないでおきましょう。

▶ 保護者の目線に立って考えてみよう

担任の先生は変わっても、ずっと寄り添い続けるのは保護者

保護者の見守る力を高めていくことは、子どものICTの力の基盤となる

学校での子どもの様子をいろいろな方法で伝えましょう。端末を一緒に触ってもらうなら、Classroomを見てもらうのも手軽でよいですね

［教職員への理解］

# 情報活用能力はスキルの1つ<br>怖れずに使い「楽しい」を感じよう

**このレッスンの<br>ポイント**

新しい学びの形を得た子どもたちですが、それをさらに高めていけるかどうかは、教師の腕にかかっています。教師たちが前向きに、ICT端末やアプリを使って楽しんで学んでいけるかがとても大切です。そのためには何をしていけばよいのでしょうか。

## → 教師が情報活用能力を高める意義

教師たちのICTレベルが学級の、学校のICTレベルを決めます。知らないことは教えられません。そういう意味では、自身の情報活用能力を高めていく

ことが指導力を高めていくことにつながります。だからこそ私たちは日々、学び続けなくてはなりません。

### ▶ 日々、学び続けることの重要性

**結局は「教師がどれだけ使うか」の影響が大きい**

**あまり使わない教師**

子どもたちが<br>活用できるようにはならない

**よくICT端末を利用する先生**

子どもたちが<br>活用できるようになる

教師のICTレベルが<br>そのまま影響します

## → できることを、できる人が、できるサイズから

教師の働き方改革が叫ばれる昨今でも、時間の確保は簡単ではありません。

まずは、「できることを、できる人が、できるサイズから」していきましょう。この考えは、変化の時代にとって大切なキーワードの1つです。私の勤務する学校では、休憩時間に任意参加で「ゆるゆるGIGAカフェ」と称して、教室に集まりました。決して強制参加にならないように、また参加できなかったことを責めないように配慮しました。「NGワードはいけなくてごめんなさいです」と伝えていました。マ

マさん先生で参加できない人もいますし、ほかに大事なことをしている方もいます。自分がやっていることが絶対に正しいことなんてありません。だから来られない人が否定されないように配慮してあげると、参加できる先生もそうでない先生も、安心して学べる組織になります。

まずは校内で一緒に頑張っていく仲間を見つけていくこと。そして、自分自身の濃い情報を共有できる方を1人でも見つけられれば大きな前進です。それくらいの小さなゴールで、まずは始めてみましょう。

## → 夕会などの5分間でミニ研修

もう1つ有効なのが、職員夕会などの最後の時間に5分研修をすることです。小ネタ、ちょっとしたことですぐに使えるTIPSを共有することで、教師たちは「あんなこともできそう」「こうしたらいいんじゃないか」とアイデアを広げていきます。教師たちが学び

たくないなんてことはないんです。日常のなかで、なかなか時間が確保できないだけなのです。ですから、そんな機会を与えていくことを心がけましょう。きっと喜んでくれる人、一緒に学びを楽しんでくれる人はいるはずです。

### ▶ 短時間で多回数の研修がよい理由

研修の形を長時間・単発 ➡ 短時間・継続へ

1回の長時間研修

短時間で多数回の研修

単発での学びでしかなく深まらない

リラックスしたなかでの小さな学びがいい

無理なく学びを楽しみましょう

# Chapter

# 8

# 管理者必読！
# 管理コンソール
# と年次更新の
# イロハ

GIGAスクール時代は、ICTに
まつわるさまざまなトラブル
が発生します。ここでは学校
の情報担当として経験してき
た事例をもとに、管理者や情
報担当が参考になる話をさせ
ていただきます。

Lesson
# 60

[管理者の心がまえ]

# 人に優しいシステムの構築と
# 苦手な人へ向けた心がけ

このレッスンの
ポイント

> 管理者は管理コンソールにアクセスすることで、組織内のGoogle Workspace for Educationの各種設定が（Chromebookなら端末の制御も）できます。ここでは管理コンソールの使い方ではなく、管理者としてどのようなスタンスで管理をしていけばよいのか解説します。

## ➔ 管理コンソールはできる限り公開しない

管理コンソールは権限を変更して、他の人を追加することもできます。しかし、情報の共有がスムーズにいかないと、どんな設定にしたかが不透明になり、大小さまざまな問題が発生してきます。管理者は原則として、できる限りコンソールを公開しないように心がけましょう。

## ➔ 迅速な対応が必要なら、現場レベルで対応できるようにする

何かトラブルがあったさいに、そのつど管理者に問い合わせが集中すると、対応しきれなくなってしまいます。そのため、現場レベルでトラブルに対応できるようなシステムをあらかじめ構築しておくことをオススメします。

例えば、学校現場で最も迅速な対応が必要になるのは、パスワードを忘れてしまい（パスワードはその特性上、ユーザーが変更できない設定にすることはできません）、端末にログインできないという事態です。

次ページの図はパスワードリセット専用のFormsです。フォームにリセットしたい対象者のGmailアドレスと新しいパスワードの送付先Gmailを入力すれば、パスワードが自動的にリセットされ、送付先のGmailに届きます（自動化にはGoogle Apps Scriptを使う必要があります）。

つまり、パスワードのリセットは、現場で教職員がフォームに入力し送信するだけで、すべて完了します。そのため、管理者が対応することはなくなり、現場ではすぐに端末にログインできます。

> 迅速対応が求められる問題には
> 対策を準備しておきましょう

▶ パスワードリセット用のフォーム

### Googleアカウント パスワードリセット

アカウントのパスワードリセットを行う場合は、以下に記入してください。

このフォームを送信すると、メールアドレスが記録されます

■■■■■■■■■■■■■■■■ ではないですか？アカウン
トを切り替え

*必須

---

リセット対象者のアカウント種別を選択してください。 *

○ 児童・生徒

○ 保護者

○ 教職員

---

リセット対象者のメールアドレスを入力してください。 *

回答を入力

---

再設定用パスワードの送付先メールアドレスを入力してください。
入力しなかった場合、今記入している方のGmailに送信されます。

回答を入力

---

◯ 回答のコピーを自分宛に送信する

送信

現場でトラブル対処ができ
るシステムを作っておくと安
心です

## ➡ 初めての人、苦手な人に優しい設定を心がける

初めて使う人がGoogle Workspace for Educationに
アクセスするときに、一番最初に触れるものは、
初期パスワードです。ユーザー名とパスワードを入
力してログインするわけですが、このときに「入れ
ない！」となると、人によっては「煩わしい」「もう触
りたくない」となるか、すぐに管理者に問い合わせ
が来ます。

パスワードは、さまざまな文字をランダムに割り当

てることになりますが、そのとき気をつけたいこと
は下記の2点です。

①は慣れていない人にとっては判別が難しく、間違
いが多くなります。②は判別もそうですが、アンダ
ーバーの入力方法を知らない人も少なくありません。
単純なことですが、初めての人、苦手な人がスムー
ズにアクセスできるように工夫していくことが大切
です。

▶ パスワードに使わないほうがいい文字

① 「l（小文字のエル）」「i（小文字のアイ）」「1（数字のいち）」を使わない
② 「－（ハイフン）」「＿（アンダーバー）」を使わない

# Lesson 61

[1人ではなくみんなで]

## 組織づくりとルールづくりは国の支援を活用しながら取り組む

このレッスンの
ポイント

端末の導入初期にはネット環境や端末の設定などに追われると思います。しかし、それよりも大切なのは、その後のトラブルに対処していくこと。そして、端末を上手に活用していくノウハウを継続的に積み重ねていくことです。これまでの実践例をご紹介します。

## → トラブルや問い合わせに、誰がどのように対応するかを明確に

1人の情報担当者で端末の設定やその他のトラブル、問い合わせにすべて答えていくのは、至難の業です。本校では下図のように、「情報センター」という組織で対応しています。端末使用に関するトラブルや問題があれば、そのつどメンバー間で情報を共有し、対応案を話し合っています。必要があれば管理職に相談し、著しく利用規約に反する場合は保護者と面談するという流れになっています（まだそんな事例は発生していません）。

### ▶ トラブル対応のための組織づくり

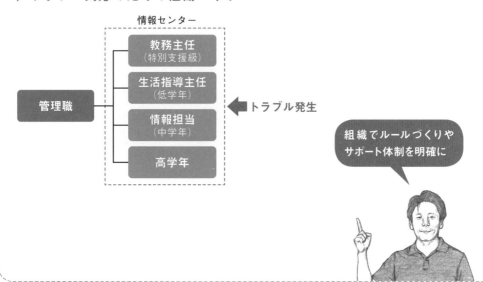

# 保護者からの問い合わせにはFormsとQ&Aで対応する

保護者からの問い合わせについては、基本的には情報担当者が対応しますが、本校では下図のようにFormsで問い合わせフォームを作成し、そこから問い合わせてもらうようにしています。このフォームに届いた問い合わせを週に1回確認し、対応するようにしています。

もちろん、保護者会などで操作方法などを直接レクチャーする場面もあります。しかし、すべてに対応することは厳しいです。右下の図はChromebook導入初期に配布したQ&A形式のお便りです。これで解決できない質問や問い合せがその後も寄せられましたが、情報担当のほうでQ&Aを集約し、新たにお便りを出します。そうして、なるべく早めにかつ丁寧に、いま直面している問題に答えられるようにしてきました。

▶ 保護者向けの問い合わせフォームとQ&A

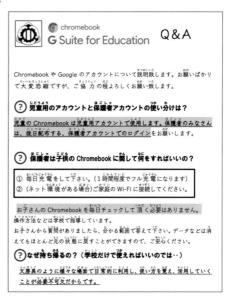

Q&Aの丁寧なお便りは
問い合わせを減らすため
にも有効です

# → ICT支援員を最大限活用しよう

どこの自治体にもICT支援員が配置されていることと思いますが、下図のようにGIGAスクール構想に合わせて、新たにGIGAスクールサポーターが配置されています。学校組織内のPC端末やWi-Fi環境のハード面だけでなく、いわずもがな「どのように継続的に活用していくのか」「必要なファイルの作成や環境面のサポート」は必須になります。

支援員さんはICTのノウハウをたくさん持っている方が多いです。しかし、時には現場に合わない活用事例を紹介されるミスマッチが起こりえます。そうしたミスマッチを避けるため、私は情報担当として、まずは支援員さんとの対話を大切にしています。自校のICT環境の概要や使用頻度などを伝え、どんなサポートを必要としているかを丁寧に伝えることが大切だと考えます。そのなかからどんな支援が適切なのかをすり合わせ、決定していくことが大切だと思っています。特にミニ研修やデータファイルの作成、これは現場だけでは時間を取って準備できることではないので、サポートしてもらうべきことだと思います（自校の出欠席連絡フォームも、ICT支援員さんにベースとなるデータを作成していただきました）。

## ▶ GIGAスクール構想向けのICTサポート制度

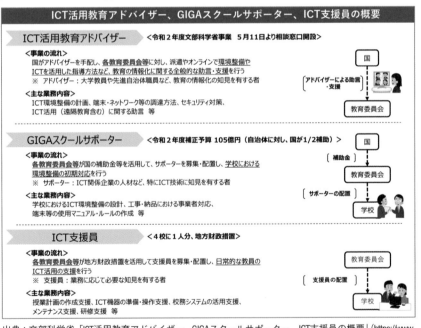

出典：文部科学省「ICT活用教育アドバイザー、GIGAスクールサポーター、ICT支援員の概要」（https://www.mext.go.jp/content/20201030-mxt_jogai01-000010768_002.pdf）より引用

サポートは積極的に活用しましょう

Lesson

# 62

［情報担当がやるべきこと］

# 出会いと別れをいい思い出に！
# 年次更新のイロハ

このレッスンの
ポイント

GIGAスクール時代になると、端末の年次更新が毎年必ずやってきます。6年生は自分の端末をどうすればいいのか、また情報担当は何をすればいいのか、そして新入生をどう迎えればいいのか。私が年次更新で行ったことや大切なポイントをまとめてみました。

## → 卒業生がやること

卒業生の端末を新1年生の端末として渡す、というケースが多いかと思います。本校では、端末の掃除（不具合があれば必ず報告してもらう）と初期化をさせました。

Chromebookでは、下図のようなPowerwash（ Ctrl ＋ Alt ＋ Shift ＋ R キーを同時に押す）という初期化が必要です。

### ▶ Chromebookの初期化画面（Powerwash）

端末の掃除と初期化を
卒業生にやってもらいましょう

# → 情報担当がやること

情報担当が行うことは、大きく分けると次の3点です。

> ①端末の確認、管理、配布計画
> ②新入生のアカウント作成、配布
> ③ Google 連絡先ラベルの更新

①については管理番号を確認し、新入生の誰にどの端末を配布するかを決定する事務的な作業です。②については新入生全員ぶんのGoogleアカウントを作成し、管理コンソールに登録する必要があります（実はこの作業についてもGoogle Apps Scriptでシステムを組めば、名前と生年月日を入力するだけですべて終了します）。

③がとても重要です。下図はGoogle連絡先（コンタクト）の画面です。左に表示されているのがラベルです。「〇〇さんは小6（児童）」といったように、個人のアカウントに対して貼ることのできるラベルを設定しておきます。そうすると、その右の図のようにデータを共有したり、メールを送信するときなどに「小6」と入力すれば、そのラベルが貼られた全員がすぐに表示されます。

ラベルの更新はすべての連絡先データをCSVデータでエクスポートし、スプレッドシート上で一括編集し、そのCSVデータを全教職員のGoogle連絡先にインポートしてもらいました。この作業だけは、年度更新のたびに必要になると思います。

## ▶ Google連絡先のラベルを更新する

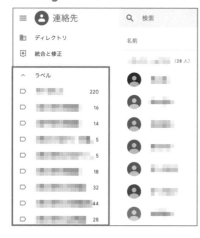

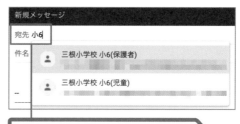

> ラベル設定されていると頭文字を入力すればアカウントが表示される

> 一斉連絡するためにラベルの更新は必須となります

# ⊙ 新入生がワクワクできる出会いを！

下図は新1年生がChromebookを初めて手にしたときの様子です。

新しい文房具との出会いにワクワクさせながらも、大切にしてほしいということを同時に伝えられるような会にしました。6年生にも協力してもらいました。まずは、Common Sense Educationの「オンラインのあんぜん」を視聴し、テクノロジーの楽しさと約束を確認しました。そして6年生とアカウント情報を入力し、初めてのタイピングを体験しました。実はこのとき突然、Wi-Fi環境が不安定になり、ネット

につながらない状態に陥りました。教員たちは一同に諦めかけたのですが、6年生はカメラアプリで撮影大会を始めてくれたり、白い壁を撮影し、そこにお絵かきをするといった即興のアイデアで、ネットにつながらなくても楽しめることを探し続けてくれました。

このように柔軟で、臨機応変な姿勢は、「約束を意識した自由なPC端末利活用」がもたらしてくれたものだと思います。

## ▶ 新1年生へのChromebookプレゼント会

ICT端末との出会いを
ワクワクするものに
してあげてください！

# おわりに

「**い**ままでのノート指導は必要なくなるのですか。すべてパソコンでやるのですか」
「アナログとテクノロジーどちらを中心に授業を展開すればよいのですか」
とよく聞かれます。この問いに対して皆さんは、どう答えますか。

私は「**すべては学習者である子どもたちが決めることです**」と答えます。

子どもたちが学習課題やさまざまな問題に向き合うとき、それぞれのメリットを考えながら選び取ることができる、そんな未来を目指しています。
そのためにも、教育者としてアナログとテクノロジーのよさを公教育で体感させることが、これからはさらに重要になってくると考えています。
前倒しされたGIGAスクール構想で与えられた1人1台のPC端末は、来たるべき、いやもうすでに来ている「テクノロジーを人間が有効活用する社会」を担う子どもたちにとって、大きな学びのチャンスです。

これをチャンスとして捉えず、いままでの学びだけでよいのでしょうか。
いまこそ子どもとともに、学ぶ姿勢を大きく変える転換期です。
それでも何を変えてよいのか、どう取り組めばよいのか迷ったとき、本書を手に取っていただければ幸いです。

我々も公立校でまだまだ試行錯誤の真っ只中です。
しかし、ちょっとでもチャレンジすると見えてくるものは無限にあります。またそれを糧に子どもとともにワクワクすることを探し続けていきます。

「**生き残る種とは、最も強いものではない。 最も知的なものでもない。それは、変化に最もよく適応したものである**」（チャールズ・ダーウィン）

いまこそ肝に銘じて進んでいきたいと考えています。

古矢岳史

**阻**害するのは大人。教師、保護者もともに学び、一緒に成長していきましょう。これからの時代を創っていく子どもたちを育てるのは僕たち大人です。大人は1つの環境です。よい環境を届けましょう。

GIGAスクール構想が始まって、子どもたちは日常的にICT端末に触れるようになりました。「こんな時代が来るとは思いもしなかった」と、教室で必死に学習を進める子どもたちを見て思う毎日です。

ただ、その一方でこんな声も聞かれます。「ただ配っただけの状態」「2ヶ月で使ったのは2回だけ」「保管庫の中に眠っている」……。

新型コロナウイルスの影響もあり、前倒しで始まったGIGAスクール構想。本当に多くの方のご尽力で子どもたちの手元に端末が届けられました。ただ、活用されているかどうかは、「学校の先生次第」というのが現状です。どんなによい食材を用意しても、料理人の腕次第でその食事はよくも悪くもなります。

僕らはそんな現状を少しでも改善しようと動いてきました。そういった人たちは、「動かない」のではなくて、「動けない」のです。さらに正しく言うと「動き方を知らない」のです。だからこの本を書きました。

僕ら大人、教師は常に学び続けなくてはなりません。さまざまに変化する世の中、新しいことに僕たち教員も挑戦し続けることが求められます。ですが、挑戦は怖いです。「できない自分」と向き合い、そしてそれを受け入れていかなければいけないからです。

でも、教室で「挑戦することが大切だ」と語る先生が、毎日6時間、新しいことに挑戦し続けている子どもたちの前で「怖い」と言っていていいんでしょうか？　僕らの後ろ姿こそが、子どもたちにとって最大の教育であると僕は考えています。

ただ、「怖い」「私なんて変われない」という思いを抱くのにも共感できます。だから大切なのは「できることからやってみる」です。何も大きなことはしなくていいんです。自分がちょっと背伸びしたらできそう、ということを少しずつ少しずつやっていきませんか。

人間は急には変われません。けれど、必ず変われます。

僕は本気でそう思っています。急に変化したものは元に戻りやすいです。でも少しずつ変化したものは、元に戻りにくいです。だから少しずつでいいんです。

二川佳祐

# 索引

索引

## ⚪ スタッフリスト

| | |
|---|---|
| カバー・本文デザイン | 米倉英弘（細山田デザイン事務所） |
| カバー・本文イラスト | 東海林巨樹 |
| 撮影 | 蔭山一広（panorama house） |
| | 平田龍乃介（八丈写真館） |
| 著者エージェント | 株式会社アップルシード・エージェンシー |
| 本文図版 | 井上敬子 |
| DTP | 柏倉真理子 |
| デザイン制作室 | 今津幸弘 |
| | 鈴木　薫 |
| 編集 | 今村享嗣 |
| 編集長 | 柳沼俊宏 |
| | |
| 協力 | 株式会社ストリートスマート |

■商品に関する問い合わせ先
このたびは弊社商品をご購入いただきありがとうございます。本書の内容などに関するお問い合わせは、下記の URL または QR コードにある問い合わせフォームからお送りください。

https://book.impress.co.jp/info/

上記フォームがご利用頂けない場合のメールでの問い合わせ先
info@impress.co.jp

※お問い合わせの際は、書名、ISBN、お名前、お電話番号、メールアドレス に加えて、「該当するページ」と「具体的なご質問内容」「お使いの動作環境」を必ずご明記ください。なお、本書の範囲を超えるご質問にはお答えできないのでご了承ください。

● 電話や FAX でのご質問には対応しておりません。また、封書でのお問い合わせは回答までに日数をいただく場合があります。あらかじめご了承ください。
● インプレスブックスの本書情報ページ https://book.impress.co.jp/books/1121101017 では、本書のサポート情報や正誤表・訂正情報などを提供しています。あわせてご確認ください。
● 本書の奥付に記載されている初版発行日から 3 年が経過した場合、もしくは本書で紹介している製品やサービスについて提供会社によるサポートが終了した場合はご質問にお答えできない場合があります。

■落丁・乱丁本などの問い合わせ先
FAX 03-6837-5023
service@impress.co.jp
※古書店で購入されたものについてはお取り替えできません。

# いちばんやさしい Google for Education の教本

人気教師が教える教育のリアルを変える ICT 活用法

2021 年 9 月 21 日 初版発行
2022 年 5 月 21 日 第 1 版第 3 刷発行

著　者　　庄子寛之、二川佳祐、古矢岳史

発行人　　小川 亨

編集人　　高橋隆志

発行所　　株式会社インプレス
　　　　　〒 101-0051　東京都千代田区神田神保町一丁目 105 番地
　　　　　ホームページ　https://book.impress.co.jp/

印刷所　　株式会社リーブルテック

ISBN 978-4-295-01260-3 C3055
Copyright © 2021 Hiroyuki Shoji, Keisuke Futakawa, Takeshi Furuya All rights reserved.
Printed in Japan